电子商务专业校企双元育人教材系列

全国现代学徒制工作专家指导委员会指导

新媒体运营 实战技能

主　编	宗　良　叶小濛　郭　曼
副主编	陈　磊　赵　雨　吕　丽
编　委	（按姓氏拼音排序）

陈炳生	广东建设职业技术学院
陈　磊	济南麦芒网络科技有限公司
关路键	山东英普云媒教育科技有限公司
郭　曼	平阴县职业中等专业学校
陆　勇	红地球化妆品集团
吕　丽	河北旅游职业学院
马修伦	济南大学
毛玉明	山东交通学院
盛雅欣	山东圣翰财贸职业学院
苏　剑	山东天南星信息科技有限公司
孙新春	山东云媒互动网络科技有限公司
仝彦丽	北京农业职业学院
王　朋	济南顶商信息科技有限公司
王紫仪	山东云媒互动网络科技有限公司
叶小濛	山东省济南商贸学校
张　健	山东英普云媒教育科技有限公司
张　威	山东景昇文化传媒有限公司
赵　雨	山东商职业技术学院
周永林	兴山县职业教育中心
宗　良	山东云媒网络科技有限公司

复旦大学 出版社

内容提要

本书是电子商务专业校企双元育人系列教材之一。本书追求技能与行业需求并重，既重视实战操作的技能讲解，也注重行业发展现状的描述。全书共7个单元21个任务，包括内容规划、竞品分析、内容写作、图片处理、图文排版、数据分析、社群运营等内容，每个学习任务均以"学习目标、学习任务、任务分析、任务准备、任务实施、任务评价、能力拓展"的体例格式展现，书中配有大量高清图片和真实的案例，部分案例放在书中的二维码内，方便学生随时查看、自主学习，最大限度地满足新媒体运营人员的学习训练需求，为学生日后顺利进入岗位工作打下扎实基础。

本书可以作为网络营销、媒体营销、电子商务、互联网运营相关专业的教材，也可以作为网络营销和新媒体运营培训班的教材，同时适合相关媒体从业人员和广大爱好者自学使用。

本套系列教材配有相关的课件、视频等，欢迎教师完整填写学校信息来函免费获取：xdxtzfudan@163.com。

序言 PREFACE

党的十九大要求完善职业教育和培训体系，深化产教融合、校企合作。自 2019 年 1 月以来，党中央、国务院先后出台了《国家职业教育改革实施方案》（简称"职教 20 条"）、《中国教育现代化 2035》《关于加快推进教育现代化实施方案（2018—2022 年）》等引领职业教育发展的纲领性文件，为职业教育的发展指明道路和方向，标志着职业教育进入新的发展阶段。职业教育作为一种教育类型，与普通教育具有同等重要地位，基于产教深度融合、校企合作人才培养模式下的教师、教材、教法"三教"改革，是进一步推动职业教育发展，全面提升人才培养质量的基础。

随着智能制造技术的快速发展，大数据、云计算、物联网的应用越来越广泛，原来的知识体系需要变革。如何实现职业教育教材内容和形式的创新，以适应职业教育转型升级的需要，是一个值得研究的重要问题。国家职业教育教材"十三五"规划提出遵循"创新、协调、绿色、共享、开放"的发展理念，全面提升教材质量，实现教学资源的供给侧改革。"职教 20 条"提出校企双元开发国家规划教材，倡导使用新型活页式、工作手册式教材并配套开发信息化资源。

为了适应职业教育改革发展的需要，全国现代学徒制工作专家指导委员会积极推动现代学徒制模式下之教材改革。2019 年，复旦大学出版社率先出版了"全国现代学徒制医学美容专业'十三五'规划教材系列"，并经过几个学期的教学实践，获得教师和学生们的一致好评。在积累了一定的经验后，结合国家对职业教育教材的最新要求，又不断创新完善，继续开发出不同专业（如工业机器人、电子商务等专业）的校企合作双元育人活页式教材，充分利用网络技术手段，将纸质教材与信息化教学资源紧密结合，并配套开发信息化资源、案例和教学

1

项目,建立动态化、立体化的教材和教学资源体系,使专业教材能够跟随信息技术发展和产业升级情况,及时调整更新。

校企合作编写教材,坚持立德树人为根本任务,以校企双元育人,基于工作的学习为基本思路,培养德技双馨、知行合一,具有工匠精神的技术技能人才为目标。将课程思政的教育理念与岗位职业道德规范要求相结合,专业工作岗位(群)的岗位标准与国家职业标准相结合,发挥校企"双元"合作优势,将真实工作任务的关键技能点及工匠精神,以"工程经验""易错点"等形式在教材中再现。

校企合作开发的教材与传统教材相比,具有以下三个特征。

1. 对接标准。基于课程标准合作编写和开发符合生产实际和行业最新趋势的教材,而这些课程标准有机对接了岗位标准。岗位标准是基于专业岗位群的职业能力分析,从专业能力和职业素养两个维度,分析岗位能力应具备的知识、素质、技能、态度及方法,形成的职业能力点,从而构成专业的岗位标准。再将工作领域的岗位标准与教育标准融合,转化为教材编写使用的课程标准,教材内容结构突破了传统教材的篇章结构,突出了学生能力培养。

2. 任务驱动。教材以专业(群)主要岗位的工作过程为主线,以典型工作任务驱动知识和技能的学习,让学生在"做中学",在"会做"的同时,用心领悟"为什么做",应具备"哪些职业素养",教材结构和内容符合技术技能人才培养的基本要求,也体现了基于工作的学习。

3. 多元受众。不断改革创新,促进岗位成才。教材由企业有丰富实践经验的技术专家和职业院校具备双师素质、教学经验丰富的一线专业教师共同编写。教材内容体现理论知识与实际应用相结合,衔接各专业"1+X"证书内容,引入职业资格技能等级考核标准、岗位评价标准及综合职业能力评价标准,形成立体多元的教学评价标准。既能满足学历教育需求,也能满足职业培训需求。教材可供职业院校教师教学、行业企业员工培训、岗位技能认证培训等多元使用。

校企双元育人系列教材的开发对于当前职业教育"三教"改革具有重要意义。它不仅是校企双元育人人才培养模式改革成果的重要形式之一,更是对职业教育现实需求的重要回应。作为校企双元育人探索所形成的这些教材,其开发路径与方法能为相关专业提供借鉴,起到抛砖引玉的作用。

全国现代学徒制工作专家指导委员会主任委员

广东建设职业技术学院校长

博士,教授

2020 年 7 月

前 言 PREFACE

　　随着智能手机的普及和移动互联网的发展,各种新媒体平台如雨后春笋般出现,在 2016 年蔚然成风。从美国到中国,越来越多的人开始使用新媒体获取新闻资讯,并习惯了一种以内容为核心、以社交关系为纽带、注重分享和互动的移动阅读新模式。随着移动互联网的发展和阅读模式的变迁,新媒体在中国社会中扮演着越来越重要的角色。

　　在中国,新媒体发端于博客,在微博平台积累大批粉丝后,在微信平台实现了大范围变现,并最终以短视频直播等方式找到了新的突破点。按照运营主体,新媒体运营可分为个人运营和机构(非新闻机构)运营;按照内容来源,可分为原创类和资讯整理类;按照内容涉及范围,可分为垂直类和综合类;按照内容表现形式,可分为图文类和视频类。

　　自 2015 年始,一批头部新媒体运营者获得投资,其生产方式从个体户式的作坊运营转向公司化运作;新媒体活跃平台开始向多元化发展,从微博、微信等社交平台扩展至各大主流新闻客户端以及时下流行的直播平台;一些新媒体运营者开始探索商业模式,既有与传统媒体类似的广告营销模式,也有基于社群经济的电商模式,还有广告、电商混合模式。

　　在可预见的未来,新媒体运营者将在内容上更加专业化、组织结构上更加公司化,品牌形象也将从个人魅力逐步升华为机构特色,资本的介入将变得更为普遍,并加速推动新媒体产业化进程。与此同时,传统媒体通过推出 App,在微博、微信上开设社交账号等方式不断推陈出新,传统媒体和新媒体正在逐步融合。

　　本书是电子商务专业校企双元育人系列教材之一。我们根据新媒体运营实战技能课程标准(详见附录),基于新媒体运营中的典型工作任务,较为全面地介绍了新媒体运营、新媒体平台操作、新媒体内容制作和新媒体营销传播等知识。

与同类书相比,本书的创新点如下:

1. 一线实战的内容

本书涉及的案例及运营操作方法皆来自一线市场,满足新媒体"新"的特点;内容偏重具体方法的讲解并辅以实战指导,使本书更具实战操作的参考价值。书中配有大量高清图片和真实的案例资料,部分案例资料放入书中二维码内方便学生随时查看、自主学习,最大限度地满足新媒体运营人员的学习训练需求,有利于学生系统全面地建立自己的新媒体运营知识体系,为学生日后顺利进入岗位工作打下扎实基础。

2. 系统全面的规划

本书在内容规划上具有系统化、全面化的特点,不仅包含了"两微一端"的相关内容,而且对内容规划、竞品分析、内容写作、图文排版等内容也进行了详细讲解。全书共7个单元21个任务,系统化的内容安排有利于读者较全面地建立自己的知识体系。

3. 注重任务驱动

按照任务驱动的方式进行编撰,每个模块一个任务,通过任务将知识点贯通。每个学习任务均以"学习目标、学习任务、任务分析、任务准备、任务实施、任务评价、能力拓展"的体例格式展现。

由于编者水平有限,加之时间仓促,书中存在的疏漏和不足恳请广大专家、读者批评指正。

作者

2020 年 7 月

目 录 CONTENTS

单元一　内容规划 ··· 1-1
　　任务一　内容定位 ··· 1-2
　　任务二　选题与模块的构建 ···································· 1-6
　　任务三　内容调性 ··· 1-10
　　任务四　爆款标题 ··· 1-12
　　任务五　内容输出方式 ·· 1-16

单元二　竞品分析 ··· 2-1
　　任务一　平台定位判定与竞品分析 ·························· 2-2
　　任务二　学会做渠道调研 ······································· 2-11

单元三　内容写作 ··· 3-1
　　任务一　提升阅读体验 ·· 3-2
　　任务二　素材积累方法 ·· 3-11
　　任务三　文案写作技巧 ·· 3-13
　　任务四　写作风格的形成 ······································· 3-30

单元四　图片处理 ··· 4-1
　　任务一　设计新媒体封面图与信息长图 ·················· 4-2
　　任务二　制作 GIF 动图 ··· 4-10
　　任务三　制作九宫格图与 H5 ································· 4-15

单元五　图文排版 ··· 5-1
　　任务一　初级排版技巧 ·· 5-2
　　任务二　进阶排版技巧 ·· 5-20
　　任务三　图文排版工具 ·· 5-25

新媒体运营实战技能

单元六　数据分析 ································· 6-1
　　任务一　数据分析思维 ····················· 6-2
　　任务二　新媒体数据分析技巧 ············· 6-6

单元七　社群运营 ································· 7-1
　　任务一　社群规则设定 ····················· 7-2
　　任务二　社群活动策划 ····················· 7-6

附　录　课程标准 ································· 1

单元一

内容规划

单元介绍

本单元主要从新媒体的内容定位、选题与模块的构建、内容调性、爆款标题、内容输出方式5个方面阐述新媒体的内容规划。其中，重点学习内容调性，同时，在内容生产、选题策略、标题撰写、发布规则等方面分别提出了具体的策略。

新媒体 运营实战技能

任务一　内　容　定　位

学习目标

1. 掌握新媒体的内容定位方法。
2. 初步掌握数据收集和数据分析的能力。

学习任务

本任务通过分析用户、市场来确定公众号类型与内容定位。根据现有数据构建用户画像、用户细分属性，并通过分析行为数据、态度数据来确定用户需求，找出内容定位的关键。

任务分析

我们总在说，内容要符合用户的需求，那我们的内容是为哪一部分用户服务的？我们的内容又能解决用户的哪一部分细分需求？只有解决了用户需求的内容才有存在的价值，而解决用户的哪一部分需求就是内容定位。

任务准备

移动端信息设备，新媒体应用 App 软件（微信）和大数据分析系统（新榜）。

任务实施

第一步：确定公众号类型

1. 公众号分类

（1）内容输出　大部分公众号都以内容输出为主，以粉丝数、阅读量以及在看数为衡量标准，比如视觉志、新世相。

（2）产品输出　有的公众号是以出售产品为主，那么衡量公众号好坏的标准就是产品的销售数量，比如小罐茶、小米手机。

（3）知识付费　知识付费越来越受到人们的追捧，也成了公众号的主力，衡量的标准就是付费用户的多少，比如罗辑思维、十点读书。

2. 找到公众号定位的侧重点

每一个公众号的定位都有其侧重点，只有明确了公众号的定位才能开展其他一系列的工作，定位是所有工作的前提条件。

如果你已经有了自己的商品，你的公众号就是辅佐商品的售卖，那么公众号定位就要围绕整个商品展开，如图 1-1-1 所示。

如果你已经有了自己的知识付费产品，公众号是推荐产品的平台，那么公众号定位就要围绕知识付费产品来展开,如图1-1-2所示。

图1-1-1 围绕商品的公众号定位　　图1-1-2 围绕知识付费产品的公众号定位

如果你只想做一个安静的内容输出者,变现方式以广告为主,那么到底是走视觉志的情感路线还是走六神磊磊读金庸的嬉笑怒骂路线,还是其他路线,都是要经过认真思考并且决定的问题。

第二步:分析用户、分析市场找到定位

想要确定定位,首先要根据自己的优势进行市场分析,找到有利于自己的侧重点,根据调研结果确定运营路径以及内容方向。

1. **市场调研**

可以从用户属性、行业概况这2个方面进行市场调研。

（1）用户属性　根据现有数据构建用户画像,细分用户属性,如图1-1-3所示。

（2）行业概况　无论是做什么,首先要明白自己的优势在哪儿。

无论是一个人,还是一个团队,甚至一个公司,都有自己的优势,舍近求远不是好的选择,只有发挥长处才能让自己的核心竞争力发挥到最大。

了解自己所处行业的情况非常重要,在确定定位之前一定要明确在大行业的前提下,哪些垂直细分领域已经被垄断,处于红海;哪些垂直细分领域还处于蓝海,还有进入赚取红利的机会。"新榜"行业概况如图1-1-4所示。

图1-1-3 构建用户画像，细分用户属性

图1-1-4 "新榜"行业概况

2. 用户需求

在构建好用户画像、了解了行业概况以后，接下来就是确定用户需求。

通常，我们称用户属性数据为行为数据，行为数据很重要，但是行为数据只能让我们了解用户，而获取用户需要的是行为数据背后的态度数据。

态度数据就是用户的态度，包括但不限于"为什么会需要这个东西？希望解决什么问题？有什么担心或不满？"等。这就像你在追女生的时候，她姓甚名谁、家住哪里、喜好什么固然很重要，但是真正决定她是否喜欢你的是"她为什么需要你？你能为她带来什么？她在担心什么？"

这些态度数据也可以称为用户需求，是真正能帮助我们找到内容定位的关键所在。

搜集用户需求可以从以下3点展开：

（1）调查问卷 根据你的核心竞争力制作一份调查问卷，寻找不少于100人来帮助你完成调查问卷的填写，用户需求的收集；从这些用户中挑出5~10个认真完成问卷的用户进行深度调研。可以通过"金数据"表单来设置调查问卷的网页。

（2）电话回访 无论是从调查问卷中找到的优质用户还是直接利用现有的种子用户，都可以使用电话回访的方式进行深度调研，这对确定内容方向有很大帮助。

（3）收集日常 对于优质用户以及种子用户，不能仅仅以一次电话回访作为调查的终结，日常关注这些用户的朋友圈，了解他们的日常生活状态，研究他们喜欢转发的推文类型，了解用户对当前关注公众号的满意点以及不满意点，寻找适合自己的切入点。

最后根据调研结果形成一份调查表格，如表1-1-1所示。

单元一　内容规划

表 1-1-1　用户需求调查结果

必备需求	涉足该行业必须满足的用户需求,如果该需求没被满足则不会得到用户认可
核心需求	用户渴望被满足而现阶段尚未被满足的需求,如果能满足该类需求会得到用户大幅度认可,如果不能满足则会被用户认为与其他竞品千篇一律而降低满足感
进阶需求	用户现阶段未考虑的需求,如果能满足该类需求,则能收获大批用户,如果无法满足也不会有任何损失,因为用户也没想到
无差异需求	用户不太关心的需求,有或没有都对用户产生不了影响

　　内容在保证必备需求的前提下,解决核心需求,完善进阶需求,距离爆款就会越来越近。

　　在运营过程中,要不断优化定位:内容定位不是不变的,在不同的阶段、不同的政策下,内容定位要不断优化才能跟上这个瞬息万变的时代。数据是确定内容定位最好的方法,无论行业如何变化,打开率、阅读量、转发率以及在看数等永远不会骗人。数据统计表格,如表 1-1-2 所示。

表 1-1-2　数据统计表格

推文名称	
打开率	
阅读量	
转发率	
在看数	
留言数	
新增粉丝数	

　　根据上图随时反馈每篇推文的数据,当数据不理想时及时复盘内容质量和内容定位,保证数据一直处于理想状态。

任务评价

评价项目	自我评价(25 分)		小组互评(25)		教师评价(25)		企业评价(25)	
	分值	评分	分值	评分	分值	评分	分值	评分
定位清晰	5		5		5		5	
凸显优势	5		5		5		5	
数据收集方式	5		5		5		5	
数据分析	5		5		5		5	
任务完成度	5		5		5		5	

1-5

新媒体运营实战技能

能力拓展

根据所学知识，完成以下任务。梳理自己能输出的领域，对自己有更好的了解。分析自己的能力是确定公众号定位的第一步。（共计 25 分）

（1）确定自己能输出领域的大致范围。（5 分）

（2）针对每个领域，审视自己的积累情况，逐一说明。（5 分）

（3）经过权衡，你的最终选择是什么？为什么选择这个定位？这个定位的目标人群和用户痛点你认为是什么？（9 分）

（4）你的定位是为了公众号长期运营做准备的吗？对此你有什么考虑？（6 分）

▶ 任务二　选题与模块的构建

学习目标

1. 掌握公众号文案选题与模块的构建方法。
2. 初步掌握案例分析的能力。
3. 养成从用户角度考虑问题的职业品质。

学习任务

本任务通过案例分析来学习公众号文案选题与模块的构建方法。

任务分析

所有爆款文的构成因素都一样——爆款文＝50％选题＋20％标题＋30％内容，选题要做到适合传播、把握时机、符合用户需求这 3 个方面，同时要搭建内容模块，模块化、体系化的内容对于作者来说，有迹可循、轻松易得；对于用户来说，期待值满满、黏性大涨。

任务准备

计算机网络，移动端信息设备和新媒体应用 App 软件（微信）。

任务实施

第一步：选题

虽然爆款文的表现形式多种多样，但是它们都具有相同的特点、相同的传播逻辑，即打开率高、转发率高、容易霸屏。那么，什么文章容易打开率高、转发率高呢？其实，所有爆款文的构成因素都一样——爆款文＝50％选题＋20％标题＋30％内容。

比如，现象级爆款文"谢谢你爱我"就是让读者看到了那些生活中隐藏着的令人感动的

单元一 内容规划

小事,这些事正好戳中了现代人的痛点,生活本不易,这些细微的感动能让人们热爱生活。"谢谢你爱我"爆款文如图1-2-1所示。

足见选题在爆款文的形成以及传播中占据怎样的作用。

优秀的选题往往具备3个要素:适合传播、把握时机和符合用户需求。

(一)适合传播

适合传播的选题往往具有2个特征:受众面广、容易引起共鸣。

1. 受众面广

首先,只有受众面广的选题才能让广泛的用户参与进来,如果受众面过窄是不可能形成传播的。

新世相曾经有一个活动叫做"逃离北上广",当时形成了霸屏,绝对是爆款中的爆款,这是因为新世相的选题是"逃离北上广",而不是"逃离北戴河"。"逃离北上广"覆盖面达到了全国,几乎每一个年轻人都想参与进来,而如果是"逃离北戴河",那么受众可能就只有那么零星几个人了。

2. 容易引起共鸣

用户为什么会主动传播你的文章?因为用户在文章里能找到共鸣,希望这种共鸣能得到别人的认可。

只有能引起大范围共鸣的文章才会形成广泛的传播,只要传播链中的任何一个环节的用户没有产生共鸣,那么这个传播链就会断掉,文章引起共鸣的传播链越长,就越容易形成爆款。

还是以新世相的"逃离北上广"为例,当今社会比"逃离北上广"还能引起用户共鸣的观点可能会有,但绝对不多,这是当下大环境造成的,几乎每个年轻人都想过"逃离北上广",所以这5个字就足够引起用户的共鸣;如果新世相把这个活动换成"你好,北上广",传播效果必然会大打折扣。

(二)把握时机

什么文章最容易形成爆款?相信所有人都会异口同声地喊出来:热点文。但并不是所有追热点的文章都可以成为爆款,就像人们只会记住第一,而不知道第二是谁;网络上的第一篇热点文会成为爆款,而第一万篇热点文只会引起读者厌烦。

所以,在追热点的时候需要注意两点:时效性、新鲜感。

1. 时效性

所有热点都是有时效性的,24个小时是热点存在的期限,超过了这个时间的热点就不再被称为热点了;而在热点发生后的3个小时内是热点传播的黄金时期,如果要追热点的话尽量保证赶在3个小时内。

谢谢你爱我
视觉志 2017-09-14

在这个世上

生活虽然总是艰辛坎坷

感情虽然总是不尽如意

但总有一个人出现在你生命里

用心爱着你

……

图1-2-1 "谢谢你爱我"

1-7

2. 新鲜感

没蹭上热点怎么办？正着蹭不上，那就反着蹭、侧着蹭，总能蹭上。说得简单点，就是为用户提供不一样的观点、不一样的观察角度、不一样的热点分析，总之，和传播的那些热点文不一样就可以了，能给用户带来新鲜感的热点文就是好热点文。

可能在很多同学眼里，热点都是可遇而不可求的，没法儿提前规划，但是这只是针对那些突发热点来说的，毕竟我们不可能预测到今天哪个明星会出轨，但是对于那些已经固定好的热点，是可以提前做好规划的。

这里为大家推荐公关日历，随便一搜，今年的各大节日应有尽有，提前布局、提前写作排版，准备充分的热点文章就是这么简单。

虽然追热点容易产生爆款，但也不是所有的热点都要追，也要有筛选地追，以下3种热点不能追：

(1) 与定位相违背的热点不追　与公众号自身定位相违背的热点不追，这种热点除了耗费人力、物力之外，毫无收益不说，还容易产生反效果。

例如，无限极的运营肯定不能追丁香医生扒权健的热点。

(2) 未确定真假的热点不追　有很多热点其实是假热点，容易反转。在尚未确定热点真假的情况下，追起来要谨慎，谨防"打脸"。

(3) 切记远离灾难营销　在灾难面前，只须哀悼就可以了，不要做任何多余的事情。六小龄童老师在杨洁导演的葬礼上宣传中美合拍的《西游记》就是一个典型的反面案例。

(三) 符合用户需求

爆款文再燃再爆，也还是一篇文章，而只要是文章就脱离不了符合用户需求这一点，除了符合基础的用户需求之外，爆款文往往具备鲜活有趣、分享价值这2个特点。

1. 鲜活有趣

在这个"娱乐至死"的时代，"干干巴巴、麻麻赖赖"的文章除了让用户产生"盘他"的心理之外，不会有传播的欲望，只有那些具有鲜活的人设、有趣的文风，能让用户在娱乐中认可的文章才有更大概率获得转发。

2. 分享价值

这里的分享价值指的不是文章能给用户带来多少干货内容、知识点，用户对于知识类的干货文往往选择收藏而不是传播。这里的分享价值其实指的是用户在分享这篇文章的时候能为自身带来什么价值。

竞品随处可见，用户的需求早已不局限于能看到什么了，而是要找到情感的共鸣、身份的认同，甚至还跟价值观有关。

说白了，在大家定位都差不多的情况下，谁能给用户带来身份的认同，用户就认同谁。

说得简单点，就是在分享这篇文章的时候用户能否提升自己的人设价值。

相信很多同学都对日常选题感到头痛，不知道该写点什么，这里给大家推荐一个好用的选题方法——九宫格选题法，如图1-2-2所示。

需求8	需求1	需求2	特点8	特点1	特点2
需求7	用户	需求3	特点7	内容	特点3
需求6	需求5	需求4	特点6	特点5	特点4

图 1-2-2　九宫格选题法

左边的九宫格排列用户的 9 种需求，右边的九宫格排列产品或内容的 9 种特点，在毫无头绪的时候，任意从左侧挑选一种需求、右侧挑选一种特点，将两者有机地组合在一起就是一个选题。

举个例子：

用户：大学生

产品：针对大学生的公众号

大学生公众号选题如图 1-2-3 所示。

	不挂科	兼职赚钱		学习方法	门店资源
	大学生	游戏		公众号	解说资源

图 1-2-3　大学生公众号选题

（1）不挂科＋学习方法＝主题：高效速记方法。

（2）兼职赚钱＋门店资源＝主题：为大家提供一些兼职赚钱的资源。

（3）游戏＋解说资源＝主题：×××解说游戏。

第二步：内容模块的构建

做内容规划，不能只顾眼前，今天确定好选题今天写，明天的选题明天再说；相反，越是体系化的内容越容易得到读者的认可，从而获得读者的喜爱。

所以，在做内容的时候，一定要做成体系的内容，要提前规划好每个内容模块，体系化运营，不能单一作战。可能订阅号很难做到规划一整年的内容，那就规划 1 个月的内容，让内容成为内容模块。

任务评价

评价项目	自我评价(25分)		小组互评(25)		教师评价(25)		企业评价(25)	
	分值	评分	分值	评分	分值	评分	分值	评分
适合传播	5		5		5		5	
把握时机	5		5		5		5	
符合用户要求	5		5		5		5	
内容规划	5		5		5		5	
任务完成度	5		5		5		5	

新媒体 运营实战技能

能力拓展

根据所学知识，完成以下任务：运用九宫格选题法，针对"月光族"这个用户群体为公众号进行选题策划，选题内容以 Word 文档形式提交。

任务三　内　容　调　性

学习目标

> 1. 掌握构建新媒体内容调性的方法。
> 2. 初步掌握数据收集和数据分析的能力。

学习任务

本任务通过对用户的价值供给、性格导向、视觉体验和语言体系分析来构建公众号的内容调性。

任务分析

如何让读者记住、爱上我们的文章呢？好的文章一定有自己的风格。内容风格看似无处着手，但是，只要按照价值供给、性格导向、视觉体验、语言体系这 4 步操作，就能轻松构建出来。明确自己要给用户提供什么价值，确定内容的定位和内容的调性。内容的作用就是为用户提供价值，用户只有从文章中得到收获才会持续关注、点赞、评论和转发。如果内容无法为用户提供价值，那么用户就不会去关注。

任务准备

移动端信息设备和新媒体应用 App 软件（微信）。

任务实施

第一步：价值供给

确定价值供给是建设内容风格的第一步。价值供给分为两类：知识型、情绪型。

1. 知识型

顾名思义，知识型价值供给就是为用户输出知识内容。文章以干货为主，为用户提供各类干货知识。比如，云媒商学院就是一个为粉丝输出新媒体干货的公众号，用户希望从这里获得新媒体行业的知识。

2. 情绪型

与知识型价值供给相对应的是情绪型价值供给。文章以为用户提供情绪导向为主，用户在文章中收获共鸣、宣泄、感动等情绪。

第二步：性格导向

一个公众号的调性要尽量贴合创始人或主稿人的性格。我们每个人都有属于自己的性格，这是我们的标签，也是我们存在的标志；公众号也应该如此，我们不能把公众号当作一个冰冷的载体，而应该把公众号当作一个活生生的人来对待。

用户希望看到的是一个有人气的集合地，而不是一个冰冷的信息公告板。既然要把公众号运营得有人气，那么公众号的性格就一定要和运营者本人一致，毕竟和一个三观完全相反的人做朋友是一件痛苦的事儿。

第三步：视觉体验

独特的视觉效果也是内容调性的重要组成部分，基本表现在头图、文首、文尾。例如，各大公众号都有自己的视觉风格。

第四步：构建语言体系

语言体系是指平时的行文、用词要有自己特有的风格。同样的话，你说出来和他说出来就是不一样的，让用户不看作者只看行文风格就能看得出来是谁写的。比如大家都熟知的网文作家烽火戏诸侯，就有特别的行文风格。

1. 烽火戏诸侯在写人物对话时，习惯插入心理描写

比如在《雪中悍刀行》老剑神李淳罡和徐凤年的对话中，往往是在一句话后，紧接着就是李淳罡的内心独白，再然后就是感情升华，借剑逼退吴六鼎，让人读起来荡气回肠。

2. 写景物时，往往喜欢引用诗词

在《雪中悍刀行》中，徐凤年第二次游历江湖，路经青城山、龙虎山。作者先是写到自己看到了什么样的辉煌景象，随后就是典故、诗词一股脑儿都用上了。

3. 喜欢引申

在《雪中悍刀行》中，徐凤年拿兰亭熟宣纸写作，作者会顺带讲一讲兰亭熟宣的做法。

4. 喜欢从不同的人物角度，做到事件的相互关联

其他作家的小说，往往都是围绕主角，其他的配角紧密环绕在主要人物旁边；而烽火戏诸侯的小说在写主角的时候，总是突然话锋一转，转到一个不知道从哪里冒出来的配角身上，而这些配角看似和主角无关，但是他们谈论的事情，最终又都关联到了主角身上。

这几条联合起来构成了烽火戏诸侯的语言风格体系，然后他就成了通过文字就可以被认出来的作者之一。

橙瓜：听说当时用马甲写的《宗教裁判所》和《撒旦》都因为你独特的行文风格，被粉丝认出来了，是真的吗？

烽火戏诸侯：很快就被认出来了，但我当时打死不承认。

新媒体 运营实战技能

　　在我们没有形成独属于自己的语言风格体系的时候,可以多看一些大号的语言风格,从中汲取养分。但是,每个人的文风都不一样,如果一味地学习其他大号的语言风格,只会是东施效颦,还有可能会被大号的铁粉举报抄袭。

　　所以,我们不仅要多看,还要多写,把吸收来的知识通过写作的方式转化成自己的东西。也就是俗话说的:不做第二个谁,只做第一个我。

　　借用贾平凹老师的一句话:"一个人的文风和性格统一了,才能写得得心应手,一个地方的文风和风尚统一了,才能写得入情入味,从而悟出要作我文,万不可类那种声色俱厉之道,亦不可沦那种轻靡浮艳之华。"

任务评价

评价项目	自我评价(25 分)		小组互评(25)		教师评价(25)		企业评价(25)	
	分值	评分	分值	评分	分值	评分	分值	评分
是否干货	5		5		5		5	
情绪导向	5		5		5		5	
性格导向	5		5		5		5	
视觉体验	5		5		5		5	
语言体系	5		5		5		5	

能力拓展

　　根据所学知识,完成以下任务。任意选择一种自己喜欢的风格体系,写一篇不少于300字的公众号文章,题材不限,要求文章具有明确的价值供给、清晰的性格导向、良好的视觉体验和特有的行文风格。

任务四　爆 款 标 题

学习目标

1. 掌握撰写爆款标题的方法。
2. 能够建立属于自己的标题库。
3. 能够建立标题反馈机制。

单元一 内容规划

学习任务

本任务通过建立标题库、建立标题反馈机制来构建爆款标题。

任务分析

标题是极具个人风格的地方,很多大号只看标题就能知道是谁。用户看见标题的第一眼就会确定这篇文章他会不会打开,只有打开文章才会有阅读与转发的机会,标题是决定文章是否爆款的第一道,也是最重要的门槛。

写文章就像做菜,中国人讲究色香味俱全,标题就是菜式中的色与香,只有色香吸引人,才会有人去尝尝味道如何,内容优质但是标题不好的文章就像叫花鸡,在不知道内里如何的情况下,绝大部分人会把这道佳肴当作一块土块。

任务准备

移动端信息设备,新媒体应用 App 软件(微信)和大数据分析系统(新榜)。

任务实施

来看看爆款标题是如何产生的吧。

第一步:建立标题库

为什么要建立标题库?没有标题库的坏处:
(1)需要用大量时间来思考标题,效率低下。
(2)费尽心力写出来的标题打开率低。
(3)不知道该如何提升自己的起标题能力。
而有标题库的好处:
(1)直接套用爆款标题模板,不再费时费力就能做出优质标题。
(2)通过研究标题库里的标题以提升起标题能力。
如何建立标题库?分为以下几步:

1. 寻找素材

建立标题库,首先要做的就是寻找标题素材,标题库里一定要有大量的素材填充才能称为素材库,如果只有零星几点,只能称为笔记。

寻找的标题素材主要分为 3 种:
(1)行业内高阅读量、转发率的标题。
(2)全网爆款文标题。
(3)打动你自己或者身边人的标题。
这里推荐给大家一个网站:新榜(https://www.newrank.cn/)。

2. 收集标题

找到心仪的标题后要把这些标题收集起来建立标题库,如果标题数量太多,完全靠手工

1-13

复制粘贴,可能会让操作者崩溃。虽然这样做前期比较辛苦,但是手工复制粘贴可以在复制的同时直接给标题分类,后期基本不需要再有别的操作。

同理,也可以选择使用自动采集工具来收集标题,比如八爪鱼采集器（http://www.bazhuayu.com/）。

使用这款软件可以实现自动化的复制粘贴,但是后期标题分类的工作会相应困难。读者可以根据个人喜好自由选择。

3. 建立标题库

搜集好素材之后就可以建立标题库了,标题库的建立往往以标题特性来分类,如图1-4-1所示。

图1-4-1 建立标题库

关于标题分类,没有什么深层次的逻辑,只要符合个人的喜好,在需要的时候能找到就可以了,上图列举的标题类型仅供大家参考。

第二步:建立标题反馈机制

好的标题从来不是一蹴而就的,需要经过多道工序,多次磨合才能产生一个爆款标题。

1. 标题测试阶段

在文章内容写好之后,根据文章的选题、内容搭建5～10个标题,把起好的标题发到你的工作群或者与之匹配的行业群,由群内成员投票,选出得票最多的标题作为文章的主标题。

2. 标题反馈阶段

推文发送以后,要根据标题的数据反馈,研究受众喜好,选出打开率、在看率、分享率高的标题,研究该标题的优劣势,在此基础上优化。

为大家介绍一个起标题的不二法则——CBI标题法。

(1) C(connection)　标题要与读者建立身份关联指向。

标题要让读者第一眼就意识到,这篇文章是写给"我"的,是与"我"有关的。

在这个信息爆炸的时代,用户每天接触到信息已经远远超出了他所能承受的极限,在这种情况下,用户会更多地选择与自己相关的内容来进行阅读。

点明用户,内容是给谁看的,图1-4-2所示的文章,无论从名字还是标题都是瞄准产品经理。

(2) B(benefit)　标题要给读者明确的利益承诺。

用户看文章,是希望从中获取价值,而在标题中告诉用户这篇文章能给他带来什么价值,就能收获用户的友谊与信任。

(3) I(interesting)　内容能引起读者的某些情感共鸣,引发阅读兴趣。

新媒体做什么都离不开人情,而标题更是一个时时刻刻与人沟通的地方。

图1-4-2　人人都是产品经理

任务评价

评价项目	自我评价(25分)		小组互评(25)		教师评价(25)		企业评价(25)	
	分值	评分	分值	评分	分值	评分	分值	评分
素材搜集	5		5		5		5	
工具使用	5		5		5		5	
标题测试	5		5		5		5	
标题反馈	5		5		5		5	
完成度	5		5		5		5	

能力拓展

根据所学知识,完成以下任务。以"母亲节"为主题,撰写3个数字型爆款标题、3个好奇型爆款标题、3个戏剧冲突型爆款标题。

新媒体 运营实战技能

任务五　内容输出方式

学习目标

1. 掌握公众号内容输出方式。
2. 根据内容发布技巧，能够提高文章的阅读量。

学习任务

本任务通过长文、图片、视频或语音的方式来输出公众号的内容，并在每天的黄金时间段更新内容、提高文章的阅读量。根据不同层级的用户，能够规划相应的内容，进一步提高推文的阅读量。

任务分析

每个公众号都有自己独有的内容输出方式，无论是长文、图片、视频和语音还是其他，都需要根据实际情况规划内容的比重以及输出方式，让整个公众号的内容体系化，不能今天是文字，明天是图片，后天是视频，要让用户有熟悉感以及期待感，并利用内容发布的技巧，提高推文的阅读量。

任务准备

移动端信息设备，新媒体应用App软件（微信）和大数据分析系统（新榜）。

任务实施

第一步：规划内容输出方式

1. 长文

长文是大部分公众号使用的主流内容推送手段。一般情况下为1周1更，或1日2更不等。一次推送1～7条。长文推送如图1-5-1所示。

2. 语音

语音最宜作为灵活性的内容更新出现，一般人设性强的账号可以经常发送60秒的语音来维持用户黏性，如图1-5-2所示。

3. 图片

图片既可以作为灵活的内容更新手段，如作为长文内容的补充出现，也可作为固定的服务内容出现，如图1-5-3所示。

单元一　内容规划

图 1-5-1　长文推送

图 1-5-2　语音推送

图 1-5-3　图片推送

4. 视频

一般的公众号更新视频较少,因为原创视频的制作成本是几种形式中最高的,所以不常出现,做视频的公众号特别容易让人记住。

第二步:内容发布技巧

内容最终都要落实到发布推文上,很多公众号内容明明写得很好,但是阅读量总是上不去,这就是内容发布的技巧有所欠缺导致的。内容发布也是需要技巧的。

1. 内容更新的不同时段

我们先来看几个例子:

(1) 创业邦　创业邦的内容发布时间一般是:上午 8:00,下午 14:30—15:00,晚上 19:00 左右。

(2) 混子曰　混子曰的内容发布时间一般是:上午 11:00—12:00。

(3) 小米公司　小米公司旗下的公众号的内容发布时间一般是:中午 12:00 左右,或晚上 19:00 左右。

(4) 公路商店　公路商店的内容发布时间一般是:中午 11:00—13:30,或晚上 22:00 后。

(5) 今日话题　今日话题的内容发布时间一般是:上午 8:00—9:00。

内容发布是有黄金时间的。一天当中,公众号发布的 4 个黄金时段:

1-17

(1) 7:00—9:30　这个时间段属于早起人群。上班族们要坐地铁、挤公交,特别是在北上广深,坐地铁、挤公交的时间正好刷手机。老人们睡得早起得早,7:00—8:00正好看看热点新闻;到了单位的上班族们,也不会马上工作,先刷手机调整情绪。

(2) 11:00—14:00　午餐时间以及午餐前20分钟是大部分企事业单位职工刷手机的高峰期。晚起的大学生们也要下楼吃早餐了,吃饭的时候刷刷手机看看微信文章再正常不过。

(3) 17:00—19:00　下班前后,和上班一个道理。

(4) 22:00—24:00　如果没有夜生活或者加班的话,大部分人是看电视或者刷微信微博,那么在这个时间段,肯定会看看公众号都发了啥。

根据每个时间段的人群分布,建议如下:资讯类的第一个时间段发、行业类的第二个时间段发、各种类型的都可以第三个时间段发、娱乐鸡汤猎奇类的第四个时间段发。

2. 4种用户类型

需求是多样的,再细分的领域也会出现不同类型的用户,根据不同层级的用户,规划相应的内容,让每个层级的用户都得到他们想要的。

用户分为以下4种类型。

(1) 付费用户/核心粉丝:俗称"铁粉"　这类用户有着最高的评论、转发、互动频率或多次购买了账号服务,而且打开次数也是最高的,可以说是最忠诚的一批用户,是必须想办法留住的用户。

对于核心粉丝,内容已经没有那么重要了,我们应该在日常的运营中对这部分用户重点关照。

(2) 次核心粉丝:俗称"普通粉"　这类用户互动频率也还不错,打开次数也还可以,我们要想办法让其向核心内容贡献者转化。对于这类用户,试听、试用是最好的转化方式。

(3) 主流内容读者:俗称"路人粉"　这类用户可能是用户群内基数最大的群体,打开频率还可以,但很少有评论、互动、转发。我们要在持续产生优质内容来吸引他们保证活跃的基础上,尽可能地营造氛围让用户向次核心粉丝转化。

因为用户是有黏性的,如果"普通粉"和"路人粉"没有新鲜血液补充,就没有了转化流量的源头。对于"路人粉",在持续更新优质内容的基础上,还应为用户提供全面的成长计划或干货大全,让用户在最短的时间内,以最简单的方式认识你。

(4) 潜在流失用户:俗称"粉转路"　这类用户很少读我们的文章,打开次数也远低于其他用户。可能是无意间加了你一下忘了取消关注而已,也可能是流失的老用户,我们需要向这类用户传达目标产品的价值,同时培养用户使用产品的习惯。

有时,可以利用一些简单粗暴的方式来培养用户的阅读习惯,比如引导用户设置星标,如图1-5-4所示。

单元一 内容规划

微信最近已完成"**改版**",
据说,不"**设为星标**"的公众号,
都有可能看不到,
害怕走丢的小伙伴们,
记得把【**有部电影**】设置成星标哦!
如果你的微信版本还看不到"**设为星标**"按钮,
那就先**置顶**有部电影吧!
具体方法如下图所示:

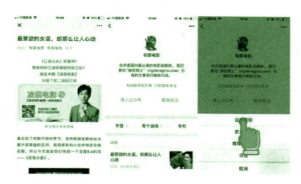

图 1-5-4 引导用户设置星标

任务评价

根据所学知识,回答下列问题。(共计 12 分)

(1)一天之中,公众号内容更新的 4 个黄金时间段分别是什么时候,各个时间段都有什么特点?(8 分)

(2)内容输出的方式有哪几种?(4 分)

能力拓展

根据所学知识,回答以下问题。现在已经是 2020 年了,越来越多的年轻人会选择晚睡,24:00—2:00 这个时间段越来越受到人们的关注,在这个时间段更新,正好是用户心理最为敏感的时间段,那么 24:00—2:00 这个时间段发布什么类型的内容最好呢?

1-19

单元二

竞 品 分 析

单元介绍

本模块通过快速判断平台的定位、竞品分析和渠道调研的实操训练来告诉大家如何做一次成功的竞品分析。

真正的竞品分析，不是简单的照猫画虎，写一个看起来面面俱到的报告。竞品分析不是一次性就能解决的问题，而是多次性的、阶段性的过程，并且在每一阶段，分析对象还得因时因实因需而变。但是，不管是选择同行竞品，还是选择跨行竞品，这都是"形"，真正的"实"是这个或这些竞品的运作对我们当前面临的商业问题有没有参考价值。这才是选择竞品的一个核心原则。

新媒体 运营实战技能

任务一　平台定位判定与竞品分析

学习目标

1. 掌握快速判断平台定位的方法。
2. 通过明确问题标的、归类汇总关键事件、解析底层规律，能够独立完成对竞品的分析。

学习任务

本任务通过案例实操过程来完成对平台定位的快速判断，指导学员学会竞品分析的方法，能够按照明确问题标的、归类汇总关键事件、解析底层规律的竞品分析要点来完成对竞品的分析。

任务分析

竞品分析并不是简单的数据整理，更不是把自己变成一个高级的数据采集器去采集不为人知的商业机密。在做竞品分析时要善于从一些常见的数据中解读出不一样的东西，而竞品分析水平的提高不仅仅取决于个人对于数据的分析能力，还包括竞品的选择和关键数据的精准采集。竞品分析真正的实用和精彩之处不在于它如何全，而在于它如何透。

任务准备

移动端信息设备，新媒体应用 App 软件（微信）和大数据分析系统（新榜）。

任务实施

第一步：什么是竞品分析

竞品分析要的是数据分析，而不是数据整理。即，把竞品数据用高大上的分析模型套路整理出来不是目的，从这些数据、现象中解析影响自己的商业活动的现实因素才是目的。

真正高水平的竞品分析不需要从什么特殊渠道获得竞品中机密数据资料，而是要能从一些触手可及的数据中解析出一些商业事实。所以，要做好竞品分析的关键不在于能搜集到多么厉害的商业数据，能够用多么厉害的分析模型，而在于能从平凡的数据中解读出"不凡"的信息。要达到这样的竞品分析水平其实不仅仅是分析能力强弱的问题，而是从竞品选择，到关键数据的精准采集，再到数据分析的系统问题。

第二步：快速判断平台定位

在真实的工作场景中，常常需要根据公司已有的公众号、抖音账号、小红书账号等来制作符合公司调性的内容。这个时候，快速了解平台的定位就显得很必要了，而且这也是新媒体运营必须要掌握的基础技能。

现在就请同学们从表2-1-1所示的几个平台中任选其一，并在给定的平台账号中分析它的定位。

表2-1-1 竞品分析账号

【公众号】	【抖音账号】	【小红书账号】
① 商业周刊中文版	① 英语流利说	① 大睿睿
② 新媒体课堂	② 军武大本营	② 兔牙钱小兔
③ 女神进化论	③ 办公室小野	③ 修图狂魔
④ 吾皇万睡	④ 一条视频	④ Nikko大宁
⑤ 萝严肃	⑤ papi酱	⑤ Sailorkie
⑥ 36氪	⑥ 酷歌圆桌派	⑥ 詹小猪Coco
⑦ 新榜	⑦ 日食记	⑦ 是丸子啊
⑧ 差评	⑧ 支付宝	⑧ 芥末色的喵

请注意：提交的作业只需分析一个账号即可。

实操要求：

（1）定位的描述需要包括如下维度：产品、目标用户、提供服务、品牌调性、独特性。

（2）需要为每一个维度的结论提供相应的证据，可以是相关截图，比如能证明调性的历史文章截图等。

（3）分析过程越具体越好。因为这部分能力的练习可以直接用到后期制作面试作品时的竞品分析部分。现在越努力，后面越轻松。

补充：公众号竞品可通过微小宝、新榜、清博指数查找；抖音竞品可通过飞瓜数据、抖大大、卡思数据、TooBigData查找。

第三步：掌握竞品分析要点

1. 明确问题标的

所谓明确问题标的，就是指在对竞品进行分析之前，先要清晰、具体地提出要研究解决的核心问题，这一步至关重要。问题不明确，就相当于目的地都没有确定就开车，注定是既浪费油钱，又浪费精力。

一个竞品标的，值得研究分析的可以是运营，是产品，也可以是团队管理。但是要把它从市场，到产品，到运营，到公司组织构架等所有的东西都收集起来研究一遍，是没有意义的，也无法实施。这样做的话，只会把自己变成数据采集器。

"弱水三千"，只能取一瓢。到底取哪一瓢？这取决于我们要解决的问题。

比如，主要想解决的问题是如何才能快速获得流量，那么竞品的运营方式的数据，就应该是重点收集和分析的对象。如果想要解决的问题是产品研发的问题,那么在竞品对象中,产品研发方面的信息数据就应该重点采集和分析。这样的分析才是有的放矢,高效又货真价实的。

2. 归类汇总关键事件

做竞品分析的目的是希望从中找到科学、靠谱、可复制利用于自己的商业项目中的逻辑规律。

我们常说"狗嘴里吐不出象牙",这是因为原始材料不对。狗嘴里的牙材料,就没有任何象牙的材料成分。因此,无论科学解析方法如何高明,仪器工具如何先进,也不可能从狗牙中提炼出象牙。也就是说,在做竞品分析时,搜集的数据材料有没有匹配到标的问题。这一点非常重要,材料不对标,就算把市面上所有的竞品分析方法都吃透,也是"巧妇难为无米之炊"。

怎样才能搜集到这种"对"的材料呢?这里给出的方法是归类汇总。

注意,这里的关键词"归类"是一个非常有威力的词。为什么这么说?我们常说"物以类聚,人以群分",为什么物会以类聚,人会以群分?因为类和群的背后是一条共同的属性或者规律,大家正是被它串起来的。反过来,当我们做好了归类汇总时,反溯回去,就很容易发现背后的底层规律。比如,问题标的是运营层面的问题,那么你把竞品中所有关于运营的事件、手段等全部搜集、归总到一起,就能从这前前后后的散点事件中发现一些逻辑规律。比如,某些固定的运营模式、固定的运营方向和操作手段,甚至团队的个性风格,等等。

如果不做这样的归类汇总,那么这些零散的运营事件就是一堆抽象、复杂的数字、文字符号,它们全都在做布朗运动。很多人没法从散乱的东西中,发现背后的规律。

3. 解析底层规律

前面的数据归类做好了,要解析出底层规律就容易得多了。

这个时候,SWOT分析法、矩阵分析法都可以派上用场。具体用什么,要根据实际情况来判断。

这里不再赘述大师们的具体分析方法。只讲一个核心的分析原则:不要把分析的焦点放在他们做了什么上面,而是重点分析他们为什么这么做。他们做了什么,只是现象。他们为什么这么做,才是规律。很多人做竞品分析时,就是简单地把竞品的"吃喝拉撒睡"按照从早到晚的顺序理了一遍,只在现象表面下功夫。看起来全面系统,但实际上连流水账的价值都没有。

第四步:案例分析

竞品分析对象:抖音。

为了方便示范,我们假设要做的就是短视频领域的竞品分析。那么,抖音就是我们之前说的兼头部跟黑马于一体的竞品。有很多地方都是值得我们去分析的。但是,你是不是需要都分析个遍呢?不是,只做需要的分析。

步骤1:确定标题问题

假如我们的标的问题是:为什么抖音能够短时间逆袭老大宝座?即,抖音在运营层面能够给我们提供什么高价值的经验参考?这个问题很有分析价值。因为自从抖音火了之后,很多同类产品纷纷效仿,也希望像它那样一夜爆发。

当然,市面上不乏这个问题的研究结论。但是,这些分析结论有没有价值?我们用前述几个原则来做一次分析,就会有一个定论了。问题标的既然是运营层面的,那么,我们就要把涉及抖音运营方面的关键性事件、数据,从开始到现在都归类汇总到一起。

抖音开启运营推广模式的时间节点是 2016 年 11 月,跟赵丽颖有关的微博推广活动是标志性的起始事件。之后,一系列频繁、密集的运营推广活动就一件接一件地展开了,如图 2-1-2~图 2-1-5 所示。

图 2-1-2 抖音开启运营模式的时间节点(一)

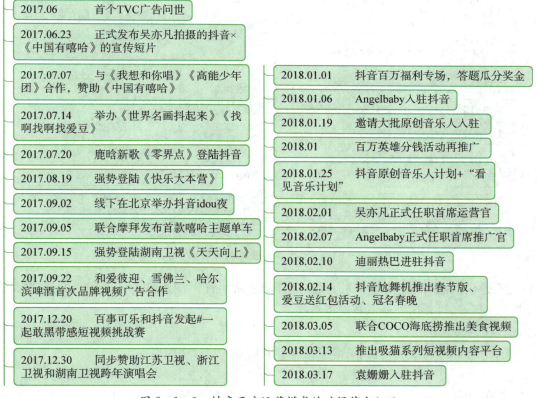

图 2-1-3 抖音开启运营模式的时间节点(二)

这里我们按照特定的一些属性,再做一次更细的分类,如下:

1. 邀星行为

邀星行为包括赵丽颖微博推广、邓超拍抖音内容、胡彦斌在抖音发布音乐、鹿晗新歌抖

2-5

图 2-1-4　抖音开启运营模式的时间节点（三）

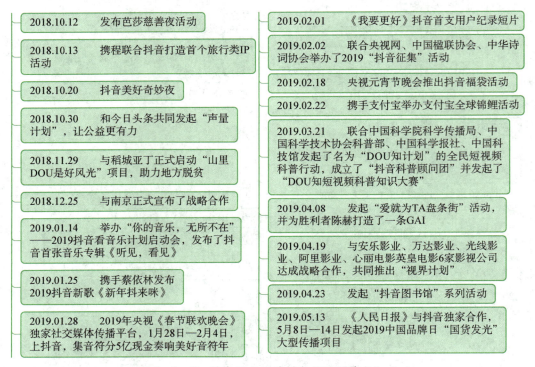

图 2-1-5　抖音开启运营模式的时间节点（四）

音打榜、邀请大批音乐创作者入驻、吴亦凡任职首席运营官、Angelbaby任职首席推广官、袁姗姗入驻抖音、抖音携手蔡依林发布新歌。

2. 赞助行为

赞助江苏卫视、浙江卫视、湖南卫视跨年演唱会，以及《中国有嘻哈》。

3. 联合行为

与《我想和你唱》《高能少年团》合作，联合摩拜单车发布首款嘻哈主题单车，和雪佛兰、爱彼迎、哈尔滨啤酒广告合作，联合海底捞推美食内容，登陆湖南卫视《天天向上》，《超时空同居》抖音宣传，邀请20家品牌打造美好生活，联合中国电信，助力正定城市推广，联合敦煌办活动，联合携程推出旅行IP活动，联合稻城亚丁助力地方脱贫，与南京战略合作，上春晚撒5亿现金，联合央视网、中华诗词协会举办活动，央视元宵节推出抖音福袋活动，携手支付宝举办活动,联合中国科学院科学传播局等 4 家中字号机构举办大赛,联合万达、阿里等 6 家影视集团推出"视界计划"活动,《人民日报》与抖音独家合作发起"国货发光"项目。

4. 举办活动行为

看什么吃什么挑战、《世界名画都起来》《找啊找啊找爱豆》、百事可乐合办挑战赛、抖音百万奖金答题、百万英雄分钱、第一届文物戏精大会、和 30 个喜欢抖音的家庭聊一聊、发布芭莎慈善夜活动、发起声量计划公益活动、发起抖音图书馆系列活动。

为了方便大家直观地看到上面一系列活动运营的数据结果,我们把抖音从上线至今的下载量通过七麦数据进行统计,如图 2-1-6 所示。

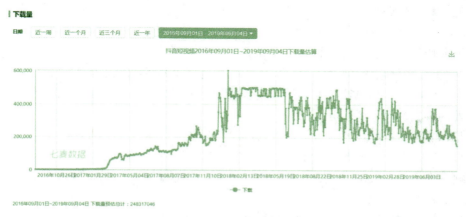

图 2-1-6　七麦数据统计

从数据图可以看到抖音热度飙升更具体的时间节点,如图 2-1-7 所示。

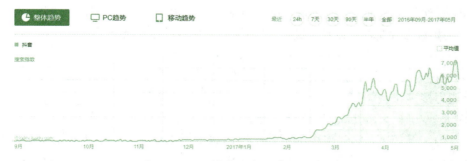

图 2-1-7　抖音热度飙升时间节点

结合上面 2 个图,就可以清晰地看出,在 2017 年 3 月之前,抖音基本上是没有什么下载量的。下载量飙升是从 2017 年 3 月之后开始的。现在,再来对标前面的一系列营销事件,就会发现,也正是从 3 月份之后,营销事件开始集中爆发。并且非常稳定地,以平均每月 3～4 次大型营销事件的节奏紧锣密鼓地推进,如图 2-1-3 所示。

可见,这一系列营销事件绝不是拍脑门儿,想一出是一出,而是有规划、有预谋、有组织地进行的。

再看看我们刚刚归总的内容特征,邀请的都是红得发紫的明星,赞助的都是很有实力的

新媒体 运营实战技能

电视台,联合的不乏国内乃至世界500强级别的品牌企业,举办的活动,动不动几百万,甚至几个亿地撒钱。简而言之,抖音的合作对象都是天然的百万、千万级别的流量池。这些流量池,带着抖音宠儿,以平均每个月3~4次的高频率亮相于大众。

大家现在明白抖音为什么能够在这么短时间内逆袭了吧!这种把"天兵天将"请下凡,铺天盖地席卷而来的打法,岂有不火之理。

有很多人分析抖音之所以会火,是因为它抓住了碎片化时代浅阅读特性,满足了人的猎奇、贪玩等特点,降低了用户参与的门槛。然后,得出的结论就是抖音是一个把握了碎片化时代特征,偶然得宠于时代的幸运儿。看了上面的运营分析,你会发现,这些说法只是停留于表象的主观臆断。真相是,它之所以能红,是因为今日头条有钱烧,有实力请得起明星,并且不是邀约一两个,而大群地请过来为抖音造势。况且不是一下,而是连续、有节奏、有计划地为其造势。

所以,抖音的红是演艺界明星、企业界明星乃至政界力量一起"众星拱月"的必然结果。没有这些"星",相信它的用户体验再好,人民再沉迷于其中不可自拔,时代也不会让它在如此短的时间内崛起。如果按照上面的3个步骤原则去整理分析数据,你会发现这个真相就是明摆着的事实。

但是,如果只是逮着个模板,就拿过来依葫芦画瓢呢?

把抖音产品功能构架解剖一番,推荐机制解构一番,把抖音关于用户体验的,如评论等数据整理一堆……到头来,只能得出诸如"它之所以成功,就是紧扣住了某某人性"之类的万能结论。更糟的是,自身直接迷失在数据的海洋之中。

那抖音的运营套路和手段,对于我们有什么借鉴作用呢?

说实话,对于一般人,抖音的成功是没多少参考价值的。除非,你也像抖音背后的今日头条一样大款,那么他们的打法或许值得借鉴。不过,抖音的成功也并非全无借鉴作用。起码到这里,你应该意识到,在商业界,从来就没有什么结果是偶然的,也没有什么奇迹是真正的奇迹。你以为抖音爆火是偶然或者奇迹,只是因为你不会做数据分析,以至于看不清它的发生过程而已!

假如经过这一项数据分析,打消了自己的产品会像抖音一样一夜爆红的念头,回归到"有多大能力接多大盘,干多大事儿"的正轨上来,我觉得也算是一次价值分析了。"有多大能力接多大盘,干多大事儿"正是抖音逆袭要告诉你的道理!可能有人会反对,你看抖音的用户体验,确实很好啊。它让多少人沉迷?所以怎么可以说它对一般人没有值得借鉴的地方呢?这就是还没有掌握我前面所说的竞品分析原则的表现。用户体验好是产品层面的问题,不是运营层面的问题。你如果要谈产品层面的问题,那么首先要把问题标的确定在产品层面上,然后从产品层面去搜集数据。然后才能够从对的材料里得到对的信息。

步骤2:关于产品层面的重要事件、数据的归类汇总

产品是一个庞大的体系,包括产品的功能研发、构架设计、交互设计,等等。你当然可以以构架设计、交互设计等作为归类分组的依据去搜集数据。在这里,我们以版本为归类分组的依据。这是为了提升用户体验,任何做产品的团队都必然涉及大量的更新迭代。

在大量的更新迭代的数据中,可以解析出提升用户体验方面的细节。下面就把抖音历来版本数据做一个归类汇总,如图2-1-8~图2-1-11所示。

单元二　竞品分析

- 1.0.0　A.me 上线
- 1.0.1　适配 iOS 10，支持一键回到顶部并刷新，即将发布的视频可返回分段删除和拍摄
- 1.1.0　查找通讯录、QQ、微博好友，提升视频清晰度和优化视觉效果，优化音乐播放的小音符效果
- 1.2.0　首页、发现页、曲库、特效、音质、画质全面更新提升，支持分享到美拍
- 1.2.1　修复闪退 bug
- 1.2.2　改名为"抖音短视频"；拍摄流程更新为按住拍摄松开暂停；发布过程收起至后台；新增官方消息；体验优化，修复 bug
- 1.2.3　视频上热门新增彩色标记，上下滑体验优化，拍摄优化
- 1.3.0　发布视频、评论中可以@好友；自己的视频支持一键保存本地；首页热门支持大屏与列表模式切换；优化性能，修复 bug
- 1.3.1　更新播放页；左滑进入主页；优化视频体验，修复 bug
- 1.3.2　保存在草稿箱中的视频可继续拍摄；新增多款滤镜；优化个人主页：展示星座、城市信息；视频保存到相册，新增作者昵称
- 1.3.3　新增贴纸道具，支持后置镜头闪光灯，消息页新样式，支持一键分享活动，加载速度优化
- 1.3.4　修复 bug
- 1.3.5　支持音乐收藏；新增多款人脸贴纸；滤镜选择提前，在拍摄界面左右滑动选择滤镜；保存在草稿箱的视频可以快速使用同款音乐"再拍一个"
- 1.3.7　修复已知 bug

图 2-1-8　抖音历来版本数据汇总（一）

- 1.4.0　新增抖音 ID；全新特效；本地视频新增 3D 抖动水印效果；完善举报机制；优化性能，修复 bug
- 1.4.2　作者可删除自己视频的评论；新增 3D 贴纸；支持分享个人主页；优化性能，提升稳定性
- 1.4.5/1.4.6　全景背景分割贴纸；新增 3D 贴纸，多种酷炫道具；增加了 4 款视频特效；首页新鲜更新为"附近"；针对 iOS 体验进行优化
- 1.5.0　抖音故事公测，24 小时保鲜的生活视频，音乐画笔功能上线
- 1.5.1　全新美颜效果，绑定微博账号展示在个人主页上，本地上传的视频支持横屏竖屏转换，全新贴纸样式
- 1.5.2　支持私密发布
- 1.5.4　美颜效果优化；整体性能优化；视频播放页长按可快速"不喜欢"，减少此类视频推荐
- 1.5.5　优化性能，提升稳定性
- 1.5.6　染发效果，360°全景视频
- 1.5.7　修复 bug，提升稳定性
- 1.5.8　AR 相机
- 1.6.0　抖音直播上线
- 1.6.2/1.6.3　全面适配 iPhoneX，发布作品可以添加地理位置
- 1.6.4　更新滤镜，拍摄防抖，倒计时支持自动暂停，直播间体验优化，新增弹幕功能
- 1.6.5　修复问题，优化体验
- 1.6.6/1.6.7　全新尬舞机玩法
- 1.6.8　有奖问答游戏"百万英雄"上线，"私信"功能
- 1.7.0　优化举报和评论功能
- 1.7.1　原创音乐人登场；修复 bug，优化体验
- 1.7.2　"百万英雄"体验优化
- 1.7.3　一些体验优化
- 1.7.4　抖音新春拜年礼活动
- 1.7.5/1.7.6/1.7.8　修复 bug，优化体验
- 1.7.9　支持拍照和上传图片

图 2-1-9　抖音历来版本数据汇总（二）

2-9

新媒体运营实战技能

1.8.0	私信支持发送表情
1.8.2	修复bug，优化体验
1.8.3	支持分屏合拍
1.8.4	修复bug，优化体验
1.8.5	新款道具：秒变大长腿
1.8.7/1.9.0	修复bug，优化体验

2.0.0/2.1.0/2.2.0	优化使用体验
2.3.0	抖音音乐榜上线
2.3.1	修复bug，优化体验
2.4.0	优化使用体验
2.5.0	抖音热搜新增视频榜，私信支持发送语言消息
2.5.1	上线"抢镜"玩法，视频互动新体验

2.6.0	优化体验
2.7.0	新增游戏贴纸
2.8.0	二维码全新升级
2.9.0	支持设置个人页背景图，新增备注名功能
2.9.1/3.0.0/3.1.0/3.4.0	优化产品体验

图 2-1-10　抖音历来版本数据汇总（三）

3.7.0	个人主页增加侧边栏，优化性能与体验
3.8.1	修复bug，优化体验
3.9.0	点详情页可以上传视频和照片
4.0.0	问题修复及体验优化，直播礼物支持一键连送
4.3.0	新功能"随拍"上线
4.3.1	2019年央视《春节联欢晚会》独家社交媒体传播平台；1月28日—2月4日，上抖音，集音符分5亿现金，奏响美好音符年
5.0.0	上线AR画笔功能

5.2.0	随拍可以发布纯文字内容，随拍新增聚集拍摄模式，私信增加置顶消息功能
5.3.0	双击私信底部定位未读消息，支持私信免打扰
5.4.0	新增"热血鼓手"道具玩法-模拟真实击鼓体验
5.5.0	优化部分功能UI效果，提升使用体验
5.6.0	新增了位置贴纸，支持第三方内容分享进抖音
5.6.1	优化部分功能效果，提升使用体验
5.7.0	新增"橙子脸"道具：魔性橙子脸
5.8.0	新增"漫画擦拭"道具：点击屏幕拍照
6.0.0	新增AR文字功能

图 2-1-11　抖音历来版本数据汇总（四）

任务评价

评价项目	自我评价(25 分)		小组互评(25)		教师评价(25)		企业评价(25)	
	分值	评分	分值	评分	分值	评分	分值	评分
资料翔实	2		2		2		2	
维度全面	3		3		3		3	
方向细分	5		5		5		5	
文章搜集	5		5		5		5	
数据分析	5		5		5		5	
调研汇报	3		3		3		3	
任务完成度	2		2		2		2	

单元二　竞品分析

能力拓展

根据所学知识,完成下列任务。

(1) 请从以下几个方向任选其一,并在实操作业中说明你选择的方向是什么?

这些方向均可继续细分,大家可根据自己的想法细分,比如日韩影视、三亚旅游、欧美音乐等,定位越细分,得到的竞品结果对初期运营越有利。

美食	旅游
美妆/护肤	健身/跑步
影视	情感

(2) 使用课程中给出的调研工具,找到和调研方向相同的四五个账号;每个账号需要选取四五篇具有代表性的文章,共收集20篇文章,制成如下表格进行分析(分析维度可自行决定,不以表格列举为准)。

公众号名称	文章标题	标题技巧	文章结构	内容风格	阅读数量	……

(3) 通过本次调研,你获得了什么信息?这些信息对你接下来的账号运营有何指导和帮助?

建议维度包括但不限于:
1) 这个定位在公众号上的热度如何?
2) 热门文章都在关注的话题中有哪些是你可以借鉴使用的?
3) 这些对标内容的目标用户是否与你的用户重合?
4) 用户都有哪些需求,你可以借鉴哪些方法进行满足?
5) 你打算借鉴哪些内容风格、文案结构等撰写技巧?

▶ 任务二　学会做渠道调研

学习目标

掌握渠道调研的方法。

新媒体 运营实战技能

学习任务

本任务通过排行榜、行业数据报告和搜索引擎来进行渠道调研。

任务分析

学会渠道调研方法其实就是完成产品引流的第一步。不同的调研渠道决定了不一样的调研信息，所以在做渠道调研的时候应采取多种渠道相结合的调研方式，力争获取最全面的调研信息。

任务准备

移动端信息设备和新媒体应用 App 软件（微信）。

任务实施

第一步：了解渠道调研的 3 类渠道

1. 排行榜

差不多每一个行业都有机构在做相关排行榜。这类排行榜是帮助我们寻找高价值头部企业的最精准的来源。比如，想做一个美食类短视频账号。怎样寻找到美食类的头部大号呢？可以到做短视频数据分析的网站，比如乐观号、飞瓜数据等去检索，如图 2-2-1 所示，上面的头部号，一目了然。

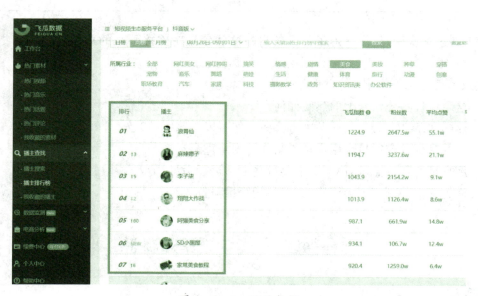

图 2-2-1 飞瓜数据

2. 行业数据报告

要精准地找到自己所在行业的黑马竞品，比较靠谱的方式就是多搜集、阅读一些行业报告。很多黑马类企业都会在行业数据报告中出现。比如,做新媒体的想要寻找一批黑马类账号做竞品分析,就可以到专注于新媒体数据分析的平台上去搜索相关的数据报告。

比如,新榜上面就有一份涉及黑马账号的数据分析"新号两个月杀入500强,2019公众号新玩家主战场在哪?|中国微信500强月报",如图2-2-2所示。

图2-2-2 新榜数据分析

里面有一部分内容就专门统计了一批新进的黑马账号。这类账号,如果平时没有关注是很难发现的。但在这类行业数据分析报告中,就可以轻而易举地获得。

除了对应领域的专业数据分析网站,还有一些大众化的、普适性的行业数据分析网站、商业网站等,在上面也可以获得竞品信息。比如高质量的商业网站:知乎、人人都是产品经理、36Kr、虎嗅等;高质量的数据分析网站:易观、七麦数据、艾瑞咨询、DCCI互联网数据中心等。

3. 搜索引擎

用搜索引擎去搜索?这听起来像一句废话。但这里要讲的是,如何利用搜索引擎简单直接、粗暴高效地找到高价值竞品的方法。

假设,你是新进短视频领域的小白,对这个领域的头部企业没有概念,并不知道抖音、快手就是这个领域的领头羊。老板恰好就要你做一份竞品分析报告,1个小时后给出分析的对象和大纲。此时,如何以最快的速度,找出该领域最具价值的竞品分析对象呢?你可以打开百度,输入关键词"短视频竞品分析",如图2-2-3所示。

你会发现,短视频领域中的头部大牌,如抖音、快手等,凡是值得分析的,早就被很多人分析了很多遍了。只需要点开这些分析报告,它们不仅把竞品对象选出来了,很多重要的竞品数据也都整理好了。这叫借力使力不费力,准确地说,这是一种思想,不是一种方法。

任务评价

根据所学知识,回答以下问题。(共计6分)

渠道调研有哪几种方法,这几种方法各有什么特点?(6分)

新媒体 运营实战技能

图 2-2-3 百度搜索"短视频竞品分析"

能力拓展

根据所学知识,完成以下任务。

(1) 请从以下几个方向中任选其一,并在作业中说明你选择的方向是什么。

1) 建议以竞品分析的方法选定方向完成此次练习,练习新账号内容输出与引流的全过程。

2) 如果让你重新选择方向,注意这些方向均可继续细分,大家可以根据自己想法细分,比如日韩影视、三亚旅游、欧美音乐等,定位越细分,得到的渠道调研结果对初期运营越有利。

美食	旅游
美妆/护肤	健身/跑步
影视	情感

(2) 去知乎、小红书、今日头条等新媒体渠道尝试搜索调研方向的内容,并以如下表格

2-14

单元二 竞品分析

形式提交收集到的渠道信息。

渠道名称	话题	内容名称	标题技巧	内容风格	阅读数量	……

（分析维度可自行决定，不以表格列举为准）

（3）通过本次调研，你获得了什么信息？这些信息对渠道运营有何指导和帮助？
建议维度包括但不限于：
1）这个定位在渠道上的热度如何？
2）你最终选择的渠道是什么？为什么？
3）渠道竞品输出的话题中有哪些是你可以借鉴使用的？
4）用户在这些渠道都有哪些需求，你可以借鉴哪些方法来实现？
5）你可以借鉴哪些内容风格、文案结构等撰写技巧？

单元二

内 容 写 作

单元介绍

本单元主要介绍新媒体内容写作技巧和特点，包括新媒体文案的常见类型、新媒体文案的创意方法，通过不断积累写作素材，提升用户的阅读体验，逐渐形成属于自己特色的写作风格。

文字能力是当今社会人人都应该具备的一项基础能力；尤其是对于从事互联网工作的人，所以也称写作为互联网行业的原力。每个时代的文字都有自己的特点，很难去评判什么是高级什么是低级，内容创作者该做的是去感受这个时代读者的喜好并引导读者的思想。

新媒体 运营实战技能

▶ 任务一　提升阅读体验

学习目标

1. 掌握提升用户阅读体验的技巧。
2. 初步掌握新媒体文案编辑能力。
3. 培养用户至上,精益求精的职业品质。

学习任务

本任务通过分段空行、提炼重点,控制字数,图文分布,复杂叙述简单化,设计高能量金句,书面语与口语之间的平衡这 6 种文案编辑技巧来提升用户阅读体验。

任务分析

阅读体验就是阅读文章时大脑里产生的感受,一篇阅读体验好的文章往往具有叙述流畅、通俗易懂、记忆深刻的特点。每一个时代都有特别的文学语言,大师王国维先生曾说:"凡一代有一代之文学:楚之骚、汉之赋、六代之骈语、唐之诗、宋之词、元之曲,皆所谓一代之文学,而后世莫能继焉者也。"现在的我们从纸质媒体时代过渡到新媒体时代,从博客时代过渡到公众号时代,也形成了自己时代的文学特点。我们需要利用文案编辑技巧,使之符合当今时代的文学特点,进而提升用户的阅读体验。

任务准备

移动端信息设备和新媒体应用 App 软件(微信)。

任务实施

基于新媒体时代"短平快"的内容创作特点,我们在做内容编辑时也要将这些特点融入进去。所以,我们总结了 6 个提升用户体验的编辑技巧。

1. 分段空行、提炼重点

发朋友圈时候,如果发文字,超过六行是要被折叠的,如图 3-1-1 所示。以前发短微博的时候只能发 140 个字,发短信超过 60 个字就要分成 2 条,微信聊天时也很少长篇大论。

由于日积月累的行为习惯,我们现在已经不能适应太长篇幅的文字堆在一起了。相反,有多分段空行的文章会让阅读更舒服一些。建议一段不要超过 5 行,这样视觉体验就会提升,让人愿意阅读,如图 3-1-2 所示。

另外,重点的话语和句子要加粗加黑,如图 3-1-3 所示。

单元三 内容写作

图 3-1-1 微信朋友圈

图 3-1-2 空行多的文章　　图 3-1-3 重点句子做标记的文章

这样做的好处是,第一,很多人喜欢扫射式阅读,也就是"一目十行",不读具体的段落只挑重点,这时候加粗就可以引导他们阅读下去。第二,峰终定理(peak-end rule),我们读完一篇文章,往往能记住的就是加粗的地方,不加粗的地方过了半个小时就想不起来了,这就是"峰终定理"在起作用。

诺贝尔奖得主、心理学家丹尼尔·卡尼曼(Daniel Kahneman),经过多年研究,发现体验

3-3

的记忆由2个因素决定：高峰（无论是正向的还是负向的）时与结束时的感觉，这就是峰终定律。这条定律根据潜意识来总结体验的特点：对一项事物体验之后，能记住的就只是在高峰与结束时的体验，而在过程中好与坏体验的比重、好与坏体验的时间长短对记忆没有影响。

2. 控制字数

知乎大V肥肥猫曾经有一个理论："现在我们的手机很少有超过'10分钟'的平静期（无微信，无App通知），一旦思绪被打断，再想起有文章还没看完就不知道猴年马月了。"

所以，文章最好在2 000字左右，3 000字可能就有些多了。按照大多数人的阅读速度，3～5分钟（2 000字）是一个比较舒服的时长，可以利用碎片化时间一口气读完。如果文章有5 000字，那倒不如把这一篇文章拆成两部分，分为上下两篇，这样可以引起读者持续关注的兴趣。

3. 图文分布

图文均匀分布有利于为读者创造良好的视觉体验。

张佳玮的文章水平很高，可是基本做不到图文并茂，总是隔很久才有一个插图，阅读体验不是很好，如图3-1-4所示。

相反，视觉志采用一段一图的图文分布就让人看着特别舒服，阅读体验很好，很容易读下去，不会因为满屏幕的文字让读者眼睛疲倦，符合现代人的阅读习惯，如图3-1-5所示。

图3-1-4　张佳玮的文章　　　　　　图3-1-5　视觉志文章

所以,我们研究后发现,每1500字最少要配两张图才能发挥图文分布的作用,提升阅读体验。

如果确实不知道加什么图的话,这里有3个诀窍:

(1) 事例照片　根据文章内容搭配相应的图片,最常见的就是视觉志的配图,每段文字都会搭配一幅相应的图片,如果找不到合适的配图,可以用表情包代替。

(2) 名人照片　写文章引用名人名言是小学生都知道的知识点,如果不知道该插什么图,那就把名言的出处照片放上。

(3) 金句海报　如果文章确实没有引用名人名言,那就把文章里的金句做成海报插入。

4. 把复杂叙述简单化

在快速阅读的时代,人们越来越喜欢读起来不需要费脑子的文章,如果文章在逻辑上过于弯弯绕绕,读不完完全不知道在讲什么,读完了也不一定能知道在讲什么,需要去读第二遍、第三遍。除非定位是侦探小说或者知识干货,否则,用户在读第一段不知所云之后就会直接返回了。写文章的最终目的是获得受众的认可,而不是自嗨,太过复杂的文章基本上不会得到用户的认可。

所以,把文章变得简单一点,是获得受众认可的第一步,这里教大家3点把事儿说简单的方法:

(1) 文字简单　文字、词语要简单。可能你的语言功底、文字天赋很高,但是受众不一定有那么高。把那些生僻字、不常见的成语、含义不明的词组都换成通用的、大众都能理解的词。比如,夸某篇文章写得好,可以用"气势磅礴",但是如果非要用"鳌掷鲸吞",受众就无法理解。

(2) 句式简单　同理,不要用太复杂的句式,倒装、使动配合一大堆莫名其妙的定语会造成能理解你的只有你自己。

让句式结构简单起来,能主谓宾解决的就不要用其他冗长的句式,比如最简单的"我爱你",就不要写成"说出来你可能不信,如果说我不爱你,那肯定是一个悖论,是不成立的,这就是我要对你说的话。"

(3) 段落简单　精简段落,把无用的复杂信息都删掉,只保留核心观点。让受众一眼就能看到在讲什么,而不是不明所以。

比如说这一段,"PS在职场中是每一个领导和同事都非常喜欢的技能,因为绝大多数人都不会,而需求又非常频繁,如果你能掌握PS这项技能,那对求职面试及以后同事间的相处都会有很大的帮助。"

可修改成:

"在职场中,PS是一个高频又稀缺的技能,掌握这个技能对求职和同事间的相处都会有很大帮助。"

另一段,"更重要的是,懂得PS的人,会有更广阔的职业前景。现在各行各业,不仅传统的房地产、培训等公司都需要图片处理的技能,新媒体、电商行业更是特别看重视觉体验。"

或可修改成:

"懂PS的人可以轻松适应各种行业,不仅传统行业,新媒体、电商等行业也非常看重觉体验。"

5. 设计高能量金句

金句就是能令人记忆深刻的句子。

（1）人的记忆是碎片化的　我们现在试着回忆一下李白的作品，你能不假思索地背出的一定是他作品中的某一句，而不会是全篇（《静夜思》不算）。王勃的《滕王阁序》很精彩，但你最多只能默诵一段。因为人的记忆真的有限。

（2）短句容易传播　各类人群都有自己偏爱的短句。

成功学最喜欢用的名人名言，比如马云曾经说过："你知道你为什么穷吗，那是因为你没有野心！"

文艺青年最喜欢用的治愈系金句，比如"我走过许多地方的路，行过许多地方的桥，看过许多次数的云，喝过许多种类的酒，却只爱过一个正当最好年龄的人。"

社会青年最喜欢用的社会语录，比如"该吃吃，该喝喝，破事儿别往心里搁！"

普通青年最爱发的朋友圈语录，比如"期待的事情也许会迟来，但始终会来，即使不是当下。"

它们都有一个共同特点——比较短，因为短句更容易传播。

正是因为以上两点，所以一篇文章里一定要有金句，如果稿件中没有有潜力作为金句的内容出现，那么编辑就一定要在作品中设计高能量的金句。下面阐述两种设计金句的方法。

1）方法一：结合原文，制作高节奏感金句。

结合原文我们可以在文章关键部分，设计几个节奏感强的句子。口诀如下：

第一，要有节奏感。

第二，要有押韵感。

第三，要有提炼度。

例如，在十点读书"这一年，谢谢你爱我"一文中就大量使用高节奏感的句子，比如，"用温暖去融化你心里的冰冷；用爱去原谅你的缺点；用力去拥抱你、守护你；这世界上总有人爱'不完美'的你。"还有"不经思考，说了错话伤到别人；冲动鲁莽，捅了娄子给大家带来麻烦；神经大条，忽略了他人的感受。我们总是这样大大咧咧，一不小心就犯了错。"

又例如，"员工学到东西就想走怎么办？"的回答，获得了1.2k条赞同，如图3-1-6所示。

2）方法二：借助名人名言，制作高背书金句。

名人说的话自带背书，在文中引用可以提高信任感。句子迷是一个专门搜索金句的网站，https://www.juzimi.com/，如图3-1-7所示。

6. 书面语与口语之间的平衡

书面语强调专业性。比如，依法治国八项原则、社会主义核心价值观；口语强调通俗性。比如，"老虎苍蝇一起打""眉毛胡子一把抓"。当我们在编辑文章的时候，应该根据内容定位去考虑，书面语和口语到底哪个要用得多。如果是学术性官方性质强的，比如，"×××推广方案""×××的公函"，那必然是需要大量使用书面语，这就要把原文章的内容严肃化，转化成书面语。反过来，如果是"深扒×××""怎样起一个好标题"，就要多用口语，这就要把原文

单元三　内容写作

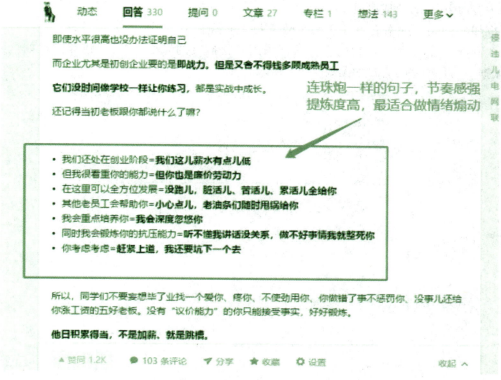

图 3-1-6 "员工学到东西就想走怎么办?"

图 3-1-7　句子迷网站首页

章的内容通俗化,转化成口语。

例如,当下正火的权健和丁香医生网络大火并事件。

我们都知道,丁香医生的内容一般都采用轻松搞笑的风格,非常口语化。比如这一篇"憋尿损伤的是哪些器官?"如图3-1-8所示。

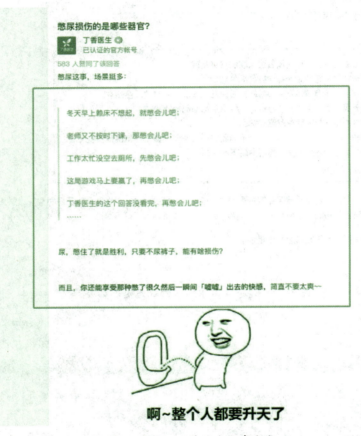

图3-1-8　丁香医生文章内容

但是,这一篇"百亿保健帝国权健,和它阴影下的中国家庭"的论述非常严肃,基本是以书面语为主,如图3-1-9所示。

同样一个账号,为何两篇文章的语气完全不同,其中一个重要原因就是丁香医生的编辑和作者们在依据主题把握"书面语"与"口语"之间的转化平衡。在起标题的时候,这个问题更加明显。

所以要把握住"书面语和口语"的度,也就是既要具备一定的专业性,还要比较通俗接地气,如图3-1-10所示。

如果你能掌握这个技巧,那么文章在严肃内涵和通俗易懂之间必能切换自如。

单元三　内容写作

图 3-1-9　"百亿保健帝国权健，和它阴影下的中国家庭"

图 3-1-10　人民日报在寻求书面语与口语之间的平衡

3-1-1
阅读体验的知识

3-9

新媒体运营实战技能

任务评价

评价项目	自我评价(25分) 分值	自我评价(25分) 评分	小组互评(25) 分值	小组互评(25) 评分	教师评价(25) 分值	教师评价(25) 评分	企业评价(25) 分值	企业评价(25) 评分
分段空行	4		4		4		4	
控制字数	4		4		4		4	
图文分布	5		5		5		5	
高能量金句	4		4		4		4	
语言描述	4		4		4		4	
书面语与口语的平衡	4		4		4		4	

能力拓展

根据所学知识，完成以下实操任务。

一、实操目的

通过本次实操，学会卖点型文案的基本写法，为更复杂的长文案写作打下基础。

二、实操步骤

（1）根据你对云媒的了解，选择一种目标用户，并说明理由。

（2）根据你对这个目标群体的理解，选择一个你认为能吸引到他们的云媒的特点，例如"有权威性""理论与实践相结合""有丰富的实操练习""有系统的营销思维课程"。

（3）针对你选择的用户以及产品特点，写出一个包含"开头＋特点＋证据＋优点＋利益＋转化点"的短文案。

三、实操要求

（1）目标用户的选择要有理有据。

（2）文案的结构完整。

（3）能够从产品特点推导出优点，能够从优点推导出利益——总之，卖点的3个部分之间有清晰的因果关系。

（4）标题和开头要直击用户痛点，转化点要能吸引用户点击链接。

单元三 内容写作

任务二　素材积累方法

学习目标

1. 掌握新媒体文案素材积累的方法。
2. 初步掌握文案素材收集能力。
3. 培养客户至上,服务用户的职业品质。

学习任务

本任务通过阅读、交流、报课、搜索 4 种方法来实现文案素材的积累。

任务分析

在收集素材时,我们往往会犯难,从哪里找素材? 其实,素材库就在我们身边,只是我们不去注意罢了,下面将会通过阅读、交流、报课、搜索 4 个方面给大家推荐和提供一些就在身边的优质素材积累渠道。

任务准备

移动端信息设备和新媒体应用 App 软件(微信、微博、知乎、今日头条等)。

任务实施

1. 通过有节奏的阅读进行积累

21 世纪,对在互联网里成长起来的一批人来说,阅读正成为一个高级词。为什么高级? 因为大家都越来越忙,没时间阅读,进而认为有时间阅读的都是高级的人。作者的阅读量自然要比普通人大一些,要不然怎么知道自己沾沾自喜的素材,其实别人已经用过了呢?

在管理学界,菲利普·科特勒(Philip Kotler)被大家尊称为现代营销学之父,而在他自己的文章里却说:"如果我是现代营销学之父,那么彼得·德鲁克(Peter Drucker)就是现代营销学祖父。"后来的很多管理学作者也遇到类似的问题,就是他们挖空心思想出来的一个概念或模型,认为是自己的首创,但是翻一翻彼得·德鲁克的著作,就发现他早就写过类似的作品,只能换个角度继续钻研。

这里告诉我们什么呢? 就是如果不阅读,我们就会坐井观天、自以为是、夜郎自大,不知道自己的素材库是大是小。阅读可以最快地补足这个短板,这里推荐几个好用的电子书网站,你可以通过这几个渠道来获取书籍。

我的小书屋,网址:http://mebook.cc/。我的小书屋里的书质量不错,分类也多,尤其是工具书目录中的美术设计和 Office 办公,可以免费掌握一些运营工具。

3-11

新媒体运营实战技能

摩鸠搜书，网址：https://www.jiumodiary.com/。摩鸠搜书非常实用，基本上，比较知名的书籍这里都有资源，格式多种多样，有mobi格式、pdf格式、doc格式、txt格式等。而且摩鸠搜书可以无限下载，不用注册。

盘搜，网址：http://www.pansoso.com/。盘搜十分实用，几乎所有的书籍它都有电子版本，搜索出来的资源存储在百度网盘里，不仅方便搜索，还不占内存。

2. 在聊天中获取有价值的信息

对于作者来说，这世上没有闲聊。大家看过电影《理想照进现实》或《这个男人来自地球》的话，就会知道，哪怕一整部电影都是几个主角在闲聊，没有刀光剑影、没有爱恨情仇、没有万里河山、没有战争杀伐，观众也可以看得津津有味，也会因为谈话的内容而心情跌宕起伏，这就是文字的魅力。

聊天对于写作来说是非常有价值的，因为你的一个素材拿出来，对方的一个素材拿出来，通过交流，每个人就都有了2个素材。

3. 用学习的方式倒逼积累能力

有人说，自己看书太烦，和人交流太累，有没有更简单高效的办法？当然有，那就是"报课"。比如想写一篇情感文章，那就报个情感课；想写一篇新媒体运营文章，那就报个新媒体运营课；想写一篇关于职业规划的文章，那就报个职业规划课；想提升自己的成长力，那就报个能力提升课。这里可以类比一下，婴儿没有牙齿，消化能力弱，父母就会把饭菜炖得很烂，不管是肉类、蔬菜类，还是谷物类，都做成泥状、糊状，再喂给宝宝吃。而课程老师，就是那个把各种素材捣成泥、捣成糊的人。在这个过程中，可以接触到大量的素材，甚至是已经分门别类放好，可以随时取用的素材。

通过培训获得的素材库需要你频繁地使用，越使用越灵活，越灵活越好用。如果培训结束后不去用，就算硬盘里躺着1000G的写作素材合集，就算培训师给你做了科学细致的素材库划分，也照样无法把这些素材消化成自己的素材，在写文章的时候依然会觉得无素材可用。

4. 通过搜索快速获取知识精粹

互联网时代给了大家创作最大化的便利，绝大多数人是在写课程论文或毕业论文的时候发现的。以前写毕业论文，要去图书馆借十几本书，一本一本啃下来，然后开始列提纲、写作，写到需要引用的地方，再去翻书。后来有了百度，想了解什么就百度一下。从汉语字典到诗词歌赋，从时政新闻到花边趣事，对于日常写作来说是比较充分了。对于不太正规的文章，尤其是博取流量的口水文来说，足够了。

当然，百度的素材，有其广泛性，也有其不足性。最大的不足就是真实性和个性的不足。从真实性的角度来说，百度推荐的答案，未必是原出处，而是经过几次改造的，同样是一句话，经过几次改造之后，很可能已经和原话相距甚远。

一度非常流行的名人说，大家应该都有印象，无论是仓央嘉措写的诗、鲁迅写的话，还是莎士比亚写的诗，最后都被证伪了。所以大家要注意，百度提供的素材要尽量核实真实性，不要犯错。第一个赞美女人是花的是天才，第二个赞美女人是花的是人才，第三个赞美女人是花的是庸才。过度依赖百度提供的素材，对我们沉淀写作能力毫无帮助。

3-2-1
素材积累的知识

3-12

单元三　内容写作

总结一下，素材的收集可以通过阅读、交流、报课、搜索 4 种方式来实现。

> 任务评价

评价项目	自我评价(25 分)		小组互评(25)		教师评价(25)		企业评价(25)	
	分值	评分	分值	评分	分值	评分	分值	评分
阅读积累	5		5		5		5	
交流积累	5		5		5		5	
报课积累	5		5		5		5	
搜索积累	5		5		5		5	
任务完成度	5		5		5		5	

> 能力拓展

根据所学知识，完成以下实操任务。

一、实操目的

实操的目的是让你学会如何为一个公众号写引流短文案，这是新媒体工作中经常用到的技能。

二、实操步骤

（1）假设你是一个微信公众号的运营者，写了一篇软文在知乎上引流，结尾的时候需要写一个 100 字左右的短文案来吸引用户关注你的公众号，这个短文案应该怎么写？

（2）简答：选择一个你喜欢的公众号（或者你正在运营的公众号），并说明这个公众号要吸引什么样的用户。

（3）简答：根据目标用户提炼这个公众号最吸引人的特点，写一个包含特点、优势、利益的卖点。

（4）简答：为公众号写一个 100 字以内的短文案，结尾要加上公众号的引流信息。

▶ 任务三　文案写作技巧

> 学习目标

1. 掌握新媒体文案的写作技巧。
2. 初步培养新媒体文案和标题的写作能力。

新媒体 运营实战技能

学习任务

本任务通过学习标题、开头、正文和结尾的写作技巧来打造优质新媒体文案。

任务分析

优秀的新媒体文案的创作过程并不是一蹴而就的,在高点击率、高浏览量的背后,需要创作者扎实地完成每一步工作。

任务准备

移动端信息设备和新媒体应用 App 软件(微信、微博、知乎、头条等)。

任务实施

第一步:撰写标题

1. 悬念式

一般而言,悬念式标题会设置一个没有被解答的悬念或疑问,让受众忍不住想更深入地了解,如图 3-3-1 所示。

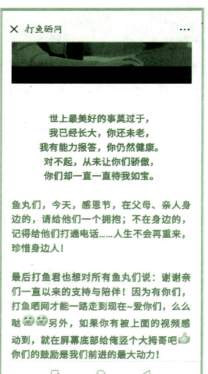

图 3-3-1 悬念式

2. 目标指向式

目标指向式标题是指在标题中直接向目标受众宣传,开门见山,让受众自动对号入座。受众会不由自主地思索"这是在说我吗?""作者如何解决我的这个困扰?"这样一来,我们就与受众站在同一个立场上,与他们一起来解决问题。这样的文案很容易写到受众的心坎上,十分有效。例如:

"要考四六级的小伙伴看过来了"

"喜欢喝黑咖啡的人注意了……"

"给莫名其妙地被小孩喊'阿姨'的你"

"敬那些正在默默减肥的人"

3. 数据式

数据式标题是一种概括性的标题,其写作技巧包括:从文案内容中提炼出数据标题,把想要重点突出的内容提炼成数据;通过数据,设置对比、冲突和悬念;按照文案的逻辑结构拟定数据标题;数据最好采用阿拉伯数字形式,要统一数字格式,而且尽量把数据放在标题靠前的位置。

比如"月薪 3 000 元与月薪 30 000 元的文案区别",这篇文章最初的标题是"7 页 PPT 教你秒懂互联网文案"。

4. 对比式

对比式标题就是将当前事物的某种特性与其他特性相反或者完全不同的事物进行对比,制造反差效果,以强烈的对比冲突来吸引读者的注意,如图 3-3-2 所示。

图 3-3-2 对比式

新媒体 运营实战技能

5. 逆向思维式

大多数读者由于受到的教育、养成的习惯和思维惯性的影响，往往会对某一事物保持固定不变的看法，形成思维定式，觉得某一事情应该是这样，不应该是那样。逆向思维式标题就是挑战我们的常识，冲破一成不变的思维定式，另辟蹊径，给读者带来完全不同的结果，或颠覆，或新鲜，或怪异，或惊讶……不按套路出牌才能创造独特的亮点，给早已审美疲劳的受众带来认知上的巨大冲击，从而激发其阅读兴趣，如图 3-3-3 所示。

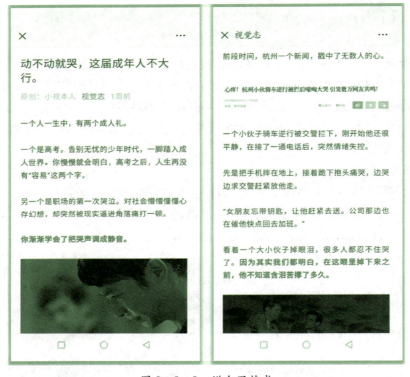

图 3-3-3　逆向思维式

6. 借势式

借势式标题是指在文案标题上添加一些社会热点、新闻时事等关键词，借助热门事件来为文案造势，吸引受众的眼球，从而增加点击量和阅读量，例如，"人的一生中最重要的 10 个习惯""扎克伯格坚持一生的 10 个习惯"。

7. 利益诱导式

利益诱导式标题是指文案标题中带有某种"利益"，向受众传递一种"阅读这篇文案就可以获得某种利益"的感觉，从而激发受众阅读文案的欲望。受众阅读文案时大多带有某种目的，要么是希望从文案中获得直接的利益，如优惠、折扣，要么是希望从文案中学习一些有用的知识和方法，如图 3-3-4 和图 3-3-5 所示。

3-16

单元三　内容写作

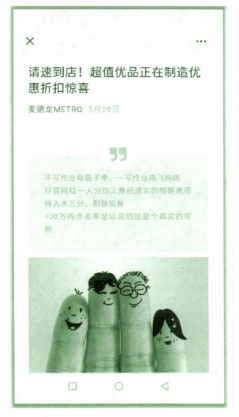

图 3-3-4　利益诱导式(一)

图 3-3-5　利益诱导式(二)

8. 标题写作的误区

误区一：只概括文案大意，却忽略了吸引受众。
误区二：缺乏场景化，没有激发受众的传播欲望。
误区三：标题字数太少，信息过于模糊。

第二步：撰写开头

1. 故事式

通过讲述故事来设置一个导入情景，这样显得生动、有趣，不会让受众产生阅读的压力。开头既可以是富有哲理的小故事，也可以是与主题紧密相关的小故事，还可以通篇讲故事，在其中巧妙地进行商业植入等。不管采用哪种类型的开头，其目的都是让受众有兴趣读下去，如图 3-3-6 所示。

2. 悬念式

与故事式开头类似的是悬念式开头，让受众一读开头就会产生疑问，制造的悬念起到扣人心弦的作用，吸引受众继续读下去，如图 3-3-7 所示。

3-17

新媒体 运营实战技能

图3-3-6 故事式

图3-3-7 悬念式

单元三 内容写作

3. 提问思考式

提问思考式开头是在一开始就向受众发问,引导受众带着问题阅读文案。这种开头形式可以引起受众的好奇,自然而然地导入文案的主题。这种做法不仅可以引发受众的思考,还可以使文案主旨鲜明,中心突出,如图3-3-8所示。

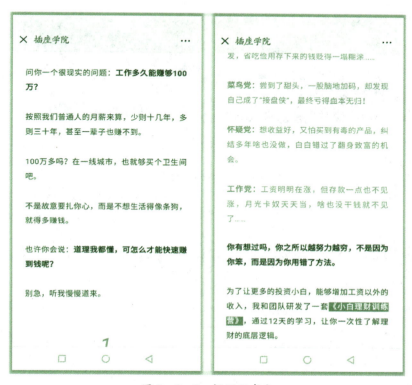

图3-3-8 提问思考式

4. 图片式

图片式开头是指文案一开始就是一张图片,这张图片可以吸引受众的眼球,延长受众在文案中的停留时间,并提升阅读欲望,而且图文编排的形式也会给受众留下深刻的印象,增强文案的整体表现力,如图3-3-9所示。

5. 名言式

在文案开头引用一段短小精炼、意味深长的名人名言,既能点明主旨,还可以引领内容。受众在读到这类开头时,会认为作者知识丰富,有文采,进而增加对文案的信赖感。当然,当使用名人名言作为文案开头时,一定不能牵强附会,而应该恰如其分,如图3-3-10所示。

6. 权威式

与名言式开头类似的还有权威式开头,即借助权威来支持自己的观点。这里所说的权威既包括权威人物,也包括权威机构,以及调查数据、分析报告、趋势研究等权威资料。如果文案要宣传与推广某款产品,可以将其与某位影响力较大的权威人物或者权威机构联系在一起,这样受众就会把对权威的信任转嫁到要宣传与推广的产品上,如图3-3-11所示。

3-19

新媒体 运营实战技能

图 3-3-9 图片式

图 3-3-10 名言式　　　　　图 3-3-11 权威式

单元三 内容写作

7. 内心独白式

内心独白式开头是指在文章开头就把自己的真实想法表达出来。作者与受众的交流是以文字为媒介的,双方有很强的距离感,而采用内心独白式的开头很容易拉近彼此的心理距离,打动人心。

新媒体文案中的内心独白式开头要写成戏剧性独白或者作者的自我表白,向受众道出自己的心声。通常情况下,人物独白会让受众感到更加亲切,受众会认为这是作者最真实的心理,不掺杂虚伪的情感,情真意切,很容易引起受众的情感共鸣和获得他们的信任,如图 3-3-12 所示。

图 3-3-12 内心独白式

8. 热点式

在新媒体时代,人们非常关注网络热点,对新发生的或受到热议的事件非常感兴趣,因此我们可以在文案开头借助热点事件来吸引受众,如图 3-3-13 所示。

9. 修辞式

修辞手法有很多,包括比喻、夸张、排比、拟人、反问等。修辞手法的运用可以使文案的开头显得更加生动、有趣,富有文采,如图 3-3-14 所示。

3-21

新媒体 运营实战技能

图 3-3-13　热点式

图 3-3-14　修辞式

第三步：撰写正文

1. 总分总式

总——点明主题；

分——讲述分论点；

总——总结全文。

总分总式正文如图 3-3-15 所示。

图 3-3-15　总分总式

2. 盘点式

盘点式也称为清单式结构，主要是把盘点对象作为小标题来分开阐述，列出受众想要了解的信息，这些标题之间往往是平行结构，如图 3-3-16 所示。

3. 递进式

递进式结构是指将文案的主题层层剥离，在论证过程中逐步推进，环环相扣。也就是说，正文中材料与材料之间的关系是逐步推进的，后面的材料只能建立在前面材料的基础上才有意义。递进式结构不同于盘点式结构，其结构严谨、逻辑严密，前后内容具有逻辑关系，不能随意颠倒顺序，而盘点式结构的各部分内容之间可以相互调换顺序，如图 3-3-17 所示。

4. 穿插回放式

穿插回放式结构是利用思维超越时空的特点，把某个物体或者某种思想情感作为线索，通过插入、回忆、倒放等方式描述内容，使文案形成一个整体。在运用这种结构写作文案时，创作者要选择好串联素材的线索，围绕某个中心点来组织材料，如图 3-3-18 所示。

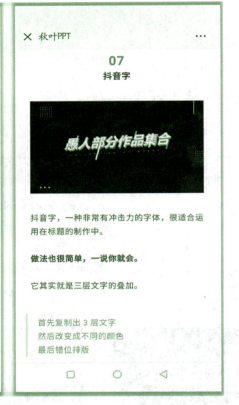

图 3-3-16 盘点式

图 3-3-17 递进式

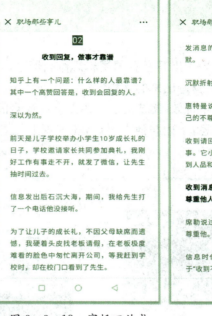
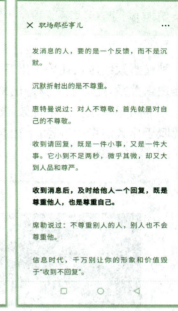

图 3-3-18　穿插回放式

5. 片段组合式

片段组合式结构是将某些体现共同主题的片段组合在一起，或叙述事件，或描写商品特点，或烘托品牌……运用这种结构时，一般以叙事的手法来写作，不过每个片段的内容不能太多，且不能分散主题，可以从多个角度围绕文案的主题来叙述，如图 3-3-19 所示。

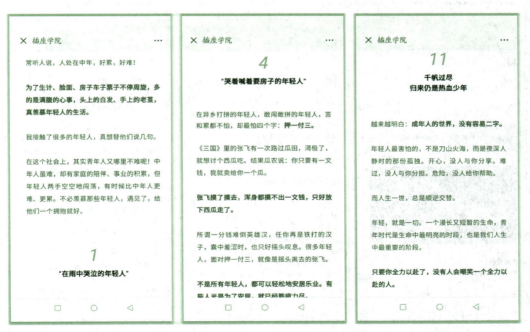

图 3-3-19　片段组合式

第四步:撰写结尾

1. 神转折式

神转折式结尾往往采用出其不意的逻辑思维,让正文内容与结尾形成某种突破常理的奇怪逻辑关系,此时正文营造出来的某种气氛会立刻消失,使人在惊讶中发出赞叹。这种出人意料的结尾一般会产生奇效,制造的心理落差会在受众的心里产生震撼的效果,受众会一边惊叹于作者的奇妙构思,一边与他人讨论,在客观上促进了文案的再次传播,如图3-3-20和图3-3-21所示。

图3-3-20 神转折式(一)

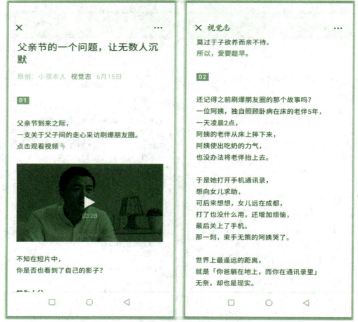

图3-3-21 神转折式(二)

单元三 内容写作

2. 融入场景式

在文案的结尾设计一种场景,可以使受众在阅读的最后阶段受到场景氛围的影响而感同身受,如图 3-3-22 所示。

图 3-3-22 融入场景式

3. 金句式

金句是指像金子般有价值、宝贵的话语,说者不一定有名,但话语富含哲理,发人深省。文案的结尾如果使用金句,可以达到画龙点睛的效果。金句式结尾可以帮助受众深刻理解文案的主题思想,从而提高对整篇文案的认同感。由于金句富含哲理,可以起到警醒和启发的作用,使受众产生共鸣,因此受众转发的可能性很高。

4. 话题讨论式

话题讨论式结尾一般采用提问的方式来引导受众思考,激发其互动讨论的积极性,提升受众的参与感,增加留言的数量,进而增加文案的热度,如图 3-3-23 所示。

5. 号召式

在文案的结尾发起号召,例如,邀请受众参与抽奖、集赞、留言和问答活动等,并给予受

新媒体运营实战技能

图 3-3-23　话题讨论式

众一定的实际利益来促使其行动，或者用文字直白地说明优惠力度，或者让受众"长按扫描图中二维码"，以此来引导受众，促使其产生购买行为。有的号召式结尾则是通过动之以情，让推荐的产品有温度、有情感，在情感上打动受众，从而使其付诸行动，如图 3-3-24 所示。

图 3-3-24　号召式

3-3-1
新媒体文案的写作技巧

6. 幽默式

幽默能够给人带来愉悦的感受，如果在文案的结尾恰当地加上一两句幽默的语言，会让受众会心一笑，从而提升阅读体验，如图 3-3-25 所示。

单元三　内容写作

图 3-3-25　幽默式

任务评价

评价项目	自我评价(25 分)		小组互评(25)		教师评价(25)		企业评价(25)	
	分值	评分	分值	评分	分值	评分	分值	评分
标题	5		5		5		5	
开头	5		5		5		5	
正文	5		5		5		5	
结尾	5		5		5		5	
任务完成度	5		5		5		5	

能力拓展

根据所学知识，完成以下实操任务。好的标题能够大大提升文章的打开率，所以起标题的技巧我们讲了很多,现在需要来检验大家是否真的理解了每种技巧的含义。

练习1:起标题的技巧

请看以下标题:

"上了哈佛才知道:真正优秀的人,都有这3个习惯""阅读量10w+的标题技巧,这10点直接用""中国准独角兽公司薪酬调研报告|IDG独家权威发布""别催了,90后真'结不了婚'""好消息,作死也能拿世界级的奖!""好老板,从来都不是好人"

实操要求:请指出以上标题都运用了哪些技巧,并写出每个标题中的典型的1~2个技巧的思考思路。

比如,"陈绮贞结束18年恋情:和平分手,是一种能力"这个标题,其中:

应用了符号法,陈绮贞是一个名人,在标题中就相当于一个符号。

应用了数字法,18年代表时间的长度。

应用了观点法,作者的观点就是"和平分手,是一种能力"。

……

注意:作业应包含标题、技巧、原因3个要素,建议以表格形式提交。

练习2:为实体产品写短文案

1. 实操目标

实操的目的是练习为一个实体产品写短文案,毕竟文案这东西要多写多练才能有进步。

2. 实操步骤

(1)假设你是一款充电宝的文案负责人,这款充电宝的特点是20 000毫安容量。

(2)简答:这个产品适用于什么样的用户?

(3)简答:针对这样的用户和20 000毫安容量这个产品特点,写一个包含产品特点、优势、利益的卖点。

(4)简答:为产品写一个100字以内的短文案。

任务四　写作风格的形成

学习目标

1. 掌握新媒体文案的写作风格。
2. 初步形成自己的文案写作风格。
3. 培养从用户角度考虑问题的职业品质。

学习任务

本任务通过写出文字的张力、写出文艺范儿、用标点表达感情和如何避免文笔稚嫩4个方面来构建自己的写作风格。

任务分析

如果文字不是从作者内心出发的,大概都会在某一些文章或写作中传递出来,而那样的文字,绝对算不上好文字。作者为了表达自己的想法或描写某个场景,若不能让读者从文字表面深入内里,就会喜欢用大量的修饰词,用几个倒装句,再堆砌点华丽的辞藻。总而言之就是把文字写得漂亮一些,让人读出一种脂粉感。

任务准备

计算机网络,移动端信息设备和新媒体应用 App 软件(微信)。

任务实施

第一步:写出文字的张力

"文字的张力"一词经常被使用,大家在感慨一篇文章时经常会赞叹:"这篇文章很有张力!",而"文字的张力"究竟是什么,大部分人对此都有些"只可意会不可言传"的感觉。对"文字的张力"进行定义或者分析似乎不是一件容易的事儿。

我们在阅读文章时,去理解分析文章就好像对文章施以一个"拉力",文章就好像皮筋一样,对我们施了一个反作用力——"牵引力(张力)"。这个牵引力(张力)就是文章对我们的一种吸引,吸引着我们继续读下去,吸引着我们去思考,吸引着我们在文字的海洋中畅游。之前读《淮南子》时读到"共工怒触不周山",其中"天柱折,地维绝"让人不禁联想到"女娲补天"中的"四极废,九州裂",是不是因为共工撞了不周山?虽然这只是胡思乱想,但因为我们的思索而产生的反作用力——文章的牵引力,使我们有读下去的兴趣,甚至越读越入迷。

通过以上分析,如果把"文字的张力"简单地理解为吸引力的话,就有些狭隘了。"力的作用是相互的",吸引是单向的,牵引力则是根据拉力的大小决定的。当拉力越大时,产生的牵引力就越大。如果理解得越深刻,写出来的文章就越耐人寻味。

若想浅尝辄止,"文字的张力"也能品出味道;若是仔细琢磨,则能越想越透彻。比如,大家都会背的《乐游原》,"向晚意不适,驱车登古原。夕阳无限好,只是近黄昏。"最后一句"只是近黄昏"中的这一个"只"字。大部分人会把它理解成"可惜",有一种惋惜的味道:夕阳如此美丽,可惜近了黄昏。这种理解也没问题,和前文"向晚意不适"呼应,整篇文章的情感都是有些消极的。

但是如果换一种理解,把"只"理解成"恰恰""正好",感情就立刻变得积极起来:夕阳如此美丽,正是因为到了黄昏啊!这样,整篇的情感也由"向晚意不适",经过登古原看到黄昏时分无限好的夕阳而豁然开朗。

通过这个例子,大家应该能看出,"文字的张力"并不是它的"吸引力",也不是文字"单方"具有的能力,而是根据我们的阅读理解而产生的一种反作用力。它既不艰深晦涩,也不下里巴人,是一种"张弛有度"的力。文字,正是有了这种既一目了然又耐人寻味的张力,才更容易引发大家的感叹,这也正是"文字的张力"的魅力。

最后,我们给"文字的张力"下一个定义:在阅读理解文章时,文章会根据读者思考的角度和深度展现出合理且不同的吸引力,这种根据读者的理解而反馈的吸引力,就是"文字的张力"。

第二步:如何写出文艺范儿

有一个文艺女作家描写的回忆:"回忆这东西若是有气味的话,那就是樟脑的香,甜而稳妥,像记得分明的快乐,甜而怅惘,像忘却了的忧愁。"这个女作家描写的生命:"要是真的自杀,死了倒也就完了,生命却是比死更可怕的,生命可以无限制地发展下去,变的更坏,更坏,比当初想象中最不堪的境界还要不堪。"

有一个文艺男作家描写的回忆:"当青春变成旧照片,当旧照片变成回忆,当我们终于站在分叉的路口,孤独,失望,彷徨,残忍,上帝打开了那扇窗,叫做成长的大门。"这个男作家描写的生命:"那些沉重的悲伤,沿着彼此用强大的爱和强大的恨在生命年轮里刻下的凹槽回路,逆流成河。"

这是张爱玲和郭敬明的文字对比。由此可见,文艺是有区别的。有些是"为赋新词强说愁",有些则是"欲说还休,却道天凉好个秋"。

1. 学会委婉

过于浅显又无灵魂的修辞会让人觉得很做作。比如上面所说的"沉重的悲伤""强大的爱""孤独,失望,彷徨"。如果实在不会写深刻的句子,不妨把情绪具象化。张爱玲把回忆比作"樟脑丸的香味","甜而稳妥,甜而怅惘,像忘却了的忧愁"。回忆是既遥远又微香的东西,在脑海里有一种模糊又深刻的年代感。和大喜大悲不同,它更像一种美丽的疼痛,是一种淡淡的追忆,是一种说不清道不明的抽象感。它和樟脑的香准确地契合,既有种被遗忘的久远,又有种模糊不清的追忆。不知比"我们是糖,甜到忧伤"高出了多少。回忆和樟脑丸的香味是两种完全不搭边的东西,却能把这种感觉准确地表现出来,入木三分,即使不合情理也无关紧要,这叫做"立意为重",也叫做"不以词害意"。

2. 学会说真话

比直白更可怕的是"假"。有句话说得好:"君子坦荡荡,小人长戚戚。"捏造情绪和情感,首先在格局上就小了。

当我们的格局没有那么大的时候,少些情绪描写,多用事实说话。不会描写情绪,就把笔墨的重点放在情节和故事细节上。不会寓情于景,就把事实和理论摆清楚。事讲明白了,理说清楚了,文章的格调自然就上去了。这个时候文不文艺,就没那么重要了。

第三步:用标点符号来表达感情

文章中的标点符号虽然是一个非常小的部件,但它在文章里面也是一个至关重要的存在。用文字无法表达清楚的情感只要把标点用好,就能起到比任何文字都更好的效果。标点符号是文字表达感情的好助手。

先举个例子:"你还没弄好?"和"你还没弄好"

这两句话的差别是不是挺大的？前面那句话因为多了个问号，明显强调了反问和责备的语气，但是后面那句话就显得很平淡，好像是与自己无关的事一样。

所以，标点符号在表达感情、阐述诉求方面，无疑是一把利器。不同的标点在同一句话里也有不同的效果。

同样来举个例子：

"不了。"

"不了？"

"不了！"

"不了……"

第一句是句号，整句话显得很平淡。但是如果把它放到特定的语境里，就能表示说话人不一样的心情，如难过、失望、平静、漠视……总之句号非常多变，它在表达一个人消极情绪时是个非常优秀的工具，不需要长篇大论地说当事人的心理活动，只需要用只言片语加一个句号就准确地告诉了读者这个人全部的心情，读者也喜欢这样的表达方式。

第二句是问号，很明显这句话是施事者说出来的。因为这是一句反问的话，所以这句话要用特定的反问语气，跟句尾的问号加起来就表达了说话人的质疑，比如在句子"你居然不要？"中，问号在表达这样的情感时，的确是非常有用的。

第三句是感叹号。感叹号非常特别，如果不是情感很激烈，基本不会用这个，但是只要用了，它的层次就会很丰富。比如说这句，语境不同，表达的情感也会不同，可以是高兴、生气或者果断，感叹号主要用于加重这句话原本的语气，能让情感表达得更加充分。

最后一句是省略号。首先省略号最基本的作用是省去同类项的赘述，但是省略号用在表达情感上面就会表现出当事人犹豫、失望、徘徊等情绪，一个省略号能代表的东西太多了。

标点符号还有一个用法就是无意间向读者传达某种感情，这个在顿号上面用得比较多。

比如说这句：

"我没和喜欢的人放过烟花、没和心爱的人放过孔明灯、在一起都是三分钟热度、没人管得了我、没人说离开我活不了、没人失去我好像失去全世界、没做过让人羡慕的事情、没人做过感动让我流眼泪的事情、没人在我脾气上来时依旧哄我、没人在一句我难受的时候说一句你在哪儿我马上到、没人在我被误会的时候为我说句公道话、没人能在我身边待那么久。"

这句话用了非常多的顿号，虽然是在陈列一件件的事情，但是在无形之中，读者已经明白你的意思了。

如果喜欢的女孩问你一句："有时间吗？"那她肯定是要找你帮忙了，如果你表现得非常热情，那她多半觉得你轻浮，沉不住气。但是如果你回了一句："嗯？"这个问号，是不是代表了一切？

第四步：修改提升文笔质量

文笔略显稚嫩，基本上只有两种原因：一种是中学生式写作，另一种是小学生式写作。

1. 中学生式写作

（1）句子过长　句子太长会给读者阅读造成一定的困扰，而且不利于读者理解作者的意思。请看样文：

“在 21 世纪初，联合国介入中东局势，土、叙两国关系趋于平和，但真正将两国连成命运共同体的还是接连数次的以美国为首的武装部队对叙利亚毫无人道主义的军事行动。”

意思大家肯定都能看懂，但是费劲！这么长的一句话，理解其中的“主谓定从”关系就要费些脑子，而且作为读者，肯定不喜欢这样的长句子。

读者更喜欢的是短句，短小精悍，易于理解，便于阅读。关于这一点我们可以借鉴拾遗的做法，拾遗的排版不会采用长句。相反，他们会每逢几个标点符号就另起一段，这样会让文章显得十分简练、可读性极强。不会让读者看到连篇累牍的汉字从而失去阅读兴趣。我想拾遗做大的原因和它排版是有一定关系的，如图 3-4-1 所示。

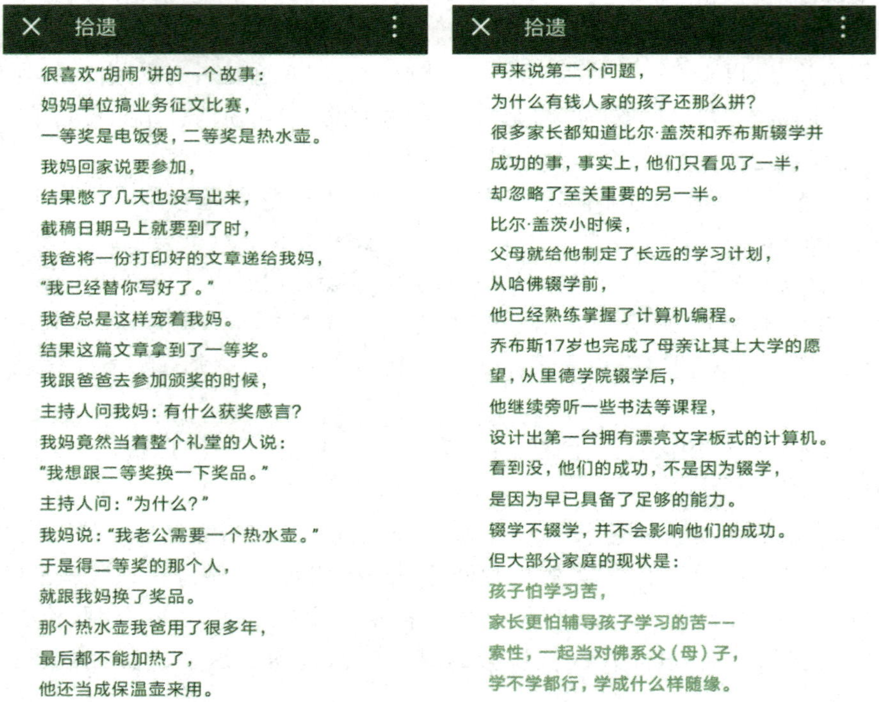

拾遗

很喜欢“胡闹”讲的一个故事：
妈妈单位搞业务征文比赛，
一等奖是电饭煲，二等奖是热水壶。
我妈回家说要参加，
结果憋了几天也没写出来，
截稿日期马上就要到了时，
我爸将一份打印好的文章递给我妈，
“我已经替你写好了。”
我爸总是这样宠着我妈。
结果这篇文章拿到了一等奖。
我跟爸爸去参加颁奖的时候，
主持人问我妈：有什么获奖感言？
我妈竟然当着整个礼堂的人说：
“我想跟二等奖换一下奖品。”
主持人问：“为什么？”
我妈说：“我老公需要一个热水壶。”
于是得二等奖的那个人，
就跟我妈换了奖品。
那个热水壶我爸用了很多年，
最后都不能加热了，
他还当成保温壶来用。

拾遗

再来说第二个问题，
为什么有钱人家的孩子还那么拼？
很多家长都知道比尔·盖茨和乔布斯辍学并
成功的事，事实上，他们只看见了一半，
却忽略了至关重要的另一半。
比尔·盖茨小时候，
父母就给他制定了长远的学习计划，
从哈佛辍学前，
他已经熟练掌握了计算机编程。
乔布斯17岁也完成了母亲让其上大学的愿
望，从里德学院辍学后，
他继续旁听一些书法等课程，
设计出第一台拥有漂亮文字板式的计算机。
看到没，他们的成功，不是因为辍学，
是因为早已具备了足够的能力。
辍学不辍学，并不会影响他们的成功。
但大部分家庭的现状是：
孩子怕学习苦，
家长更怕辅导孩子学习的苦——
索性，一起当对佛系父（母）子，
学不学都行，学成什么样随缘。

图 3-4-1　拾遗文章排版

（2）强行修饰　有些人在写作时会外加很多不必要的修饰，这就叫做强行修饰。这很可怕，因为他们会把能想到的形容词一股脑儿地全部用上，不管是否合适。

“儿子考上了一中。整个家庭氛围都变了，缺席了几十年的和睦、谦让一下子在这个低素质成员组成的家庭里活跃了。儿子考上了一中，是希望的莅临，时光的调侃，还是无情的掠夺？”“打扫的女工细手细脚地捡拾，害怕过早地完成了任务，或是吝惜地不敢玷污自己的那双手，或者更是对这黝黑的怵然、麻木？”

单元三　内容写作

乍一看，没什么问题，但是仔细看，稍微有些文化底蕴的人就会发现，写得驴唇不对马嘴。许多修辞显得太过生硬，而且词性的用法也不对。这就是强行修饰，一定要避免这种情况。而且许多时候不一定要用很多的修饰去表达你的感情。用朴实无华的文字，足矣！

（3）表达不明确　"午休过后，教室里一阵骚动，好多人围着老朱拉扯，怪叫。老朱像发了情的蛮牛一样，夹着人群涌到讲台上，终于把他按在地上。"

看出来问题了吗？

这里面的他是谁？对于这样的句子我们当然可以通过对上下文推测出。但切勿让读者去猜你的故事结构、脉络，一定要自己写明确。

2. 小学生式写作

（1）太过方言化　文章太过方言化这个问题虽然很少出现，却十分致命。一旦出现就会让人觉得你的写作水平不高，连方言和书面语都分不清，还谈什么写作？

看例文：

"儿子无可奈何地接住了碗筷，象征性地动了动筷子，有时姨爹眼睛瞟过来时，便急忙做出狼吞虎咽的样子来。饭吃完了。几个姨爹的工友同姨爹一起好奇地同儿子絮叨起来。"

"姨爹"这个称谓太过方言化，你可以用"姨父"来替换。这样明显会更加正式一些。当然方言也不是不可以用，尽可能地把它放在引用当中。引用别人的话中出现方言，会使语言更显贴切、更加真实。但在写文章时，尽量少出现这种暴露水平的方言。

（2）虚词使用过多　虚词多为"了""的"这些句尾无实际意义的词，甚至有时出现在句中，也是十分无用的。如果经常用这些词，不仅会让读者觉得你的写作水平不高，而且还会让文章显得特别生硬。

看下面这一段：

"那一天，我们正在读语文书，8点到了，广场上响起了嘹亮的歌声，老师告诉了我们到广场那聚集，我看到了教育局的人，还有碧阳镇的领导，等等，我想他们是为我们庆祝节日的，然后我们开始升国旗了。随着嘹亮的国歌，国旗慢慢地升起了。"

一段话中出现了3个不必要的"了"字，以及一个"的"字，删掉再看：

"那一天，我们正在读语文书，8点到了，广场上响起了嘹亮的歌声，老师告诉我们到广场那聚集，我看到了教育局的人，还有碧阳镇的领导，等等，我想他们是为我们庆祝节日，然后我们开始升国旗。随着嘹亮的国歌，国旗慢慢地升起。"

修改后，句子会略有不同。为什么我们在写作中需要使用这些虚词，因为我们要让句子显得通顺，但又不想改动太大，所以加虚词成了使文章通顺的不二之选。

最好不加虚词，而是重新写这一句。换一种说法去表达或换另一个角度去诠释。比如，将"主动"变为"被动"，长句变为短句，这些都是不错的方法。

3-4-1
对于文字的感悟

3-35

任务评价

评价项目	自我评价(25 分)		小组互评(25)		教师评价(25)		企业评价(25)	
	分值	评分	分值	评分	分值	评分	分值	评分
素材搜集	5		5		5		5	
工具使用	5		5		5		5	
标题测试	5		5		5		5	
标题反馈	5		5		5		5	
完成度	5		5		5		5	

能力拓展

根据所学知识,完成以下实操任务。列出一篇微信文章的提纲。

一、实操目标

目标在于梳理选题、写作的思路。

二、实操步骤

（1）根据市场调研实操整理出来的内容,分析用户目前所面临的问题有哪些,其中用户最迫切想要解决的是什么问题?

（2）用思维导图的形式,列出帮助用户解决这个问题的文章的提纲,并截图发到作业中。

三、注意事项

（1）列提纲是写好文章的第一步,提纲需要认真思考。

（2）提纲例子

1）文章的主题：你这篇文章想要表达什么?

2）用户痛点：用户亟待解决的问题是什么?

3）引文：用什么内容引发观点?

4）正文：用什么东西证明自己的观点?

5）收尾：汇总自己的观点。

思维导图可以使用石墨文档完成。

单元四

图 片 处 理

单元介绍

　　本单元主要介绍新媒体图片的处理技能，了解图片素材的搜索方法和封面图的制作要求，学会制作封面图、信息长图、GIF 图及九宫格图。

　　常说一图胜千言，比起密密麻麻的文字，在这个读屏的时代，大家往往更喜欢阅读简单易懂的图片。本单元会教给大家快速制作图片、动图以及 H5 的相关技能，充实大家的素材库。

新媒体运营实战技能

任务一　设计新媒体封面图与信息长图

学习目标

1. 学习新媒体封面图的设计要求。
2. 初步掌握新媒体封面图的设计方法和技巧。
3. 学习新媒体信息长图的设计方法。
4. 初步掌握用创客贴设计新媒体信息长图的方法。

学习任务

本任务通过学习搜索图片素材、使用PhotoShop等工具裁剪封面图和利用在线工具设计封面图的各种技巧来打造一款夺人眼球的新媒体封面图，并通过实操来学习使用创客贴在线设计一款信息长图。

任务分析

如何设计新媒体封面图？我们通过利用各种网站搜索图片素材、使用PhotoShop等工具裁剪封面图和利用在线工具设计封面图三步操作来完成本次任务的学习。信息长图的设计分为直接设计信息长图和设计小图拼接。使用PhotoShop直接设计信息长图，对于新媒体从业人员来说难度太大，采用创客贴在线设计可以大大降低信息长图的设计难度。

任务准备

移动端信息设备和新媒体应用App软件（微信、知乎、头条等）。

任务实施

第一步：搜索图片素材

1. Gratisography

Gratisography网站仅支持英文关键词搜索，图片类型包括动物、自然、物体、人物、城市、搞怪等，如图4-1-1所示。

2. 摄图网

摄图网为中文界面，支持中文搜索，专注于免费摄影图，类型丰富且可免费下载，如图4-1-2所示。

3. FREEIMAGES

FREEIMAGES的图片类型包括野生动植物、建筑、艺术与设计、汽车、商业与金融、名

单元四　图片处理

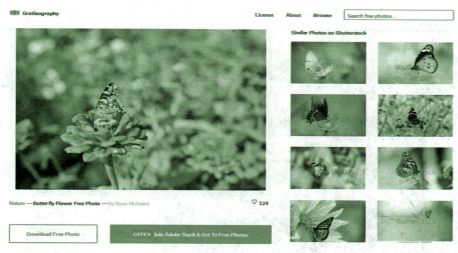

图 4-1-1　Gratisography 网站首页

图 4-1-2　摄图网网站首页

人、教育、时尚与美容、花草树木、游戏与卡通、健康与医疗、假日休闲、家居设计、工业、自然风光、电子乐器、户外活动、人物、科技、符号标志、运动健身、纹理与样式、道路与交通等，如图 4-1-3 所示。

4. pixabay

pixabay 为中文界面，图片类型包括交通运输、产业技术、人物、动物、健康医疗、商业金融、地标、宗教、建筑、教育、旅游度假、科学技术、美妆时尚、背景、花纹、自然风景、表情、计算机、运动、音乐、食物与饮料等，如图 4-1-4 所示。

5. PhotoPin

PhotoPin 为英文界面，图片搜索引擎支持中英文搜索，如图 4-1-5 所示。

4-3

新媒体 运营实战技能

图 4-1-3　FREEIMAGES 网站首页

图 4-1-4　pixabay 网站首页

6. SplitShire

SplitShire 上更多的是高清的风景图，是喜欢摄影朋友的集聚地。在这里，创作者可以看到世界各地的摄影作品，如图 4-1-6 所示。

7. 设计导航

设计导航可以对设计素材、灵感酷站、灵感画板、设计教程、配色、设计工具、尺寸规范、

单元四　图片处理

图 4-1-5　PhotoPin 网站首页

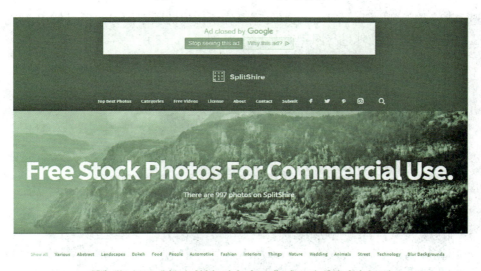

图 4-1-6　SplitShire 网站首页

Sketch、信息图、前端开发、Designer、Game、设计公司、培训机构等图片设计的各方面进行索引，覆盖范围非常广。通过设计导航链接的图库，包含收费、免费、无版权、有版权等各类图片及素材，如图 4-1-7 所示。

第二步：使用 PhotoShop 等工具裁剪封面图

通过网络搜索找到的高清图片，往往会遇到文件过大及尺寸不合适等问题，这就需要对

新媒体运营实战技能

图 4-1-7 设计导航

图片进行裁剪及压缩。PhotoShop 主要处理以像素构成的数字图像。通过使用众多的编修与绘图工具，可以更有效地进行图片编辑工作，如图 4-1-8 所示。

图 4-1-8 使用 PhotoShop 处理图片

裁剪图片尺寸的工具有很多，如 QQ 截屏、PhotoShop、美图秀秀等，甚至巧用 PPT 也可

单元四 图片处理

以对图片进行修改,如图 4-1-9 所示。

图 4-1-9　使用 PPT 剪裁封面图

第三步:利用在线工具设计封面图

创客贴是一款在线平面设计工具,用户无须下载任何客户端,只要计算机处于联网状态,打开浏览器进入网站即可使用。其丰富且免费的可商用图片、图标、字体、线条、形状、颜色等素材大大降低了平面设计的难度,如图 4-1-10 所示。

图 4-1-10　创客贴网站首页

步骤1：挑选模板

用户可以在"模板"中选择合适的模板套用。由于模板数量大且未分类，用户在挑选模板时可以将模板进行拆分，从背景、文字、小工具等几部分入手，分析其与图文内容是否匹配，以及修改后是否满足需求，如图4-1-11所示。

图4-1-11　挑选模板

步骤2：文字元素修改

单击文字，可自定义的内容显示在设计操作区的上方，包括文字颜色、字体、字号、样式（加粗、斜体、下划线）、对齐方式、字间距、行间距、移动、翻转、透明度、复制、删除等。双击模板上的文字，可以删除文字，如图4-1-12所示。

图4-1-12　文字元素修改

第四步：设计新媒体信息长图

在网上，可以经常看到类似"一张图读懂××"的图片，往往把这类图片称为信息长图。顾名思义，这类图片的特点就是非常长。随着移动端用户的增加，普通信息图已经不能满

单元四　图片处理

足手机屏幕尺寸的阅读方式,信息图渐渐演变成信息长图。将大段文字转化成易于阅读传播的图片,这就是信息长图的作用,如图4-1-13所示。

用创客贴在线设计信息长图,具体操作步骤如下:

步骤1:登录创客贴首页,在"模板中心"中选择"线上营销"选项,然后选择"信息长图"类型,进入信息长图模板设计页面。

步骤2:选择其中一个模板,进入作品设置页面。

步骤3:双击文本框对文字进行修改,可以修改文字字号、文字颜色、粗细体、正斜体、有没下划线和特效。

步骤4:还可以添加线和箭头图标。因创客贴对图表的可编辑空间并不大,关于图表的修改可以使用"百度图说"工具。进入"百度图说"首页,单击"开始制作图表"→"创建图表",根据不同的数据性质选择不同的图表样式。单击右上角的"＋导入Excel"按钮,可以将现有的数据表格直接导入。

图表调整完成后,单击图表右上角的"保存为图片"图标,进入图表预览。单击预览的图表,即可下载图表。将通过百度图说制作的图表上传至创客贴,在信息图设计页面中删除模板上不合适的图表,然后上传新的图表。

图4-1-13　新媒体信息长图

任务评价

评价项目	自我评价(25分)		小组互评(25)		教师评价(25)		企业评价(25)	
	分值	评分	分值	评分	分值	评分	分值	评分
素材搜集	3		3		3		3	
图片裁剪	3		3		3		3	
图片设计	5		5		5		5	
字体设计	5		5		5		5	
软件使用	6		6		6		6	
完成度	3		3		3		3	

能力拓展

操作任务1:为文案设计图片

云媒要组织一个大型招聘活动,小编为这个活动撰写了一篇公众号文章,标题暂定为"云媒大型面基现场,你真的要错过吗?"

4-9

新媒体运营实战技能

请为这篇文章设计一张封面图。

尺寸参考：900px×383px。

实操要求：图片文案不需要和文章标题一样，以免发布后标题和图片内容重复，大家提炼和公众号定位有关的或者和文章内容、类型有关的简洁的文案即可。

操作任务 2：选择合适的文字和图片素材

作为一个新媒体小编，要擅长搜集各类素材，包括文字类素材、相关图片，以及各种画风的表情包、视频，这样才能使文案有料又有趣。

现在需要分别练习搜集文字类素材、相关图片和表情包素材的能力。

以下一段文字是以明星夫妻、情侣恩爱故事为主线的提纲，提纲主要由 2 个节点构成，你需要做的就是针对每个节点的内容找到相应的素材。

1. 提交形式

按照节点的顺序，将相应的素材贴到文档中。文字类的素材要用自己的话概括出来，图片要注明来源。

2. 注意

要同时有文字类的素材和图片类的素材。

3. 提纲

（1）节点一：明星夫妻、情侣暧昧时期的"撒糖"表现。

提供几组描述相关事件的文字素材和图片素材。

素材搜集角度：可以从当事人角度搜索，也可以从旁观者角度搜索。

（2）节点二：两人在一起之后的相处情况。

提供几组两人"撒狗粮"的文字和图片素材。

素材搜集角度：社交平台磕糖细节，或是两人的朋友对他们的评价或是互动等。

▶ 任务二　制作 GIF 动图

学习目标

1. 学习新媒体 GIF 动图的制作方法。
2. 初步掌握使用常见 GIF 制图工具制作 GIF 动图的方法。
3. 培养客户至上，服务用户的职业品质。

学习任务

本任务通过搜集 GIF 动图、使用计算机录屏工具、视频播放器截取等方法来制作新媒体 GIF 动图。

单元四 图片处理

任务分析

GIF 动图的制作可通过计算机录屏工具或视频播放器截取等方法，新媒体初学者可以从搜集、欣赏 GIF 动图开始模仿设计。

任务准备

移动端信息设备，新媒体应用 App 软件（微信、知乎、头条等）和计算机录屏工具、QQ 播放器。

任务实施

第一步：搜集 GIF 动图

1. GIPHY

GIPHY 平台为英文界面，支持英文搜索，图片类型包括动作、形象、动物、动漫、艺术设计、卡通漫画、名人、年代、情感、潮流、食物与饮料、娱乐、游戏、假日、兴趣、模仿、电影、音乐、自然、新闻时政、行为、科学、体育、贴纸、交通、电视。GIPHY 网首页如图 4-2-1 所示。

图 4-2-1 GIPHY 网站首页

2. 花瓣

花瓣平台为中文界面，搜索关键词"GIF"或动态图即可查看。花瓣网首页如图 4-2-2 所示。

3. GIFBIN

GIFBIN 平台为英文界面，不支持搜索及分类功能。GIFBIN 网首页如图 4-2-3 所示。

4. 多玩图库

多玩图库平台为中文界面，每天更新，不支持搜索及分类功能。多玩图库网站首页如图 4-2-4 所示。

新媒体 运营实战技能

图 4-2-2 花瓣网站首页

图 4-2-3 GIFBIN 网站首页

5. SOOGIF

SOOGIF 平台为中文界面，支持中文搜索，图片分类包含爆笑 GIF、热点 TOP、影视安利、综艺秀场、花花世界、劲爆体育、福利内涵、艺术设计、美食专栏等。SOOGIF 网站首页如图 4-2-5 所示。

第二步：使用常用 GIF 图制作工具

（一）录制计算机屏幕制作 GIF 动图

录制计算机屏幕制作 GIF 动图，可以使用软件 LICEcap 或 GifCam，在百度搜索 LICEcap 或 GifCam 可获取软件的下载链接，下载之后解压即可使用。

（1）工具一：LICEcap　双击打开软件，可拖动录制框任意一角调整录制框大小。把所

单元四 图片处理

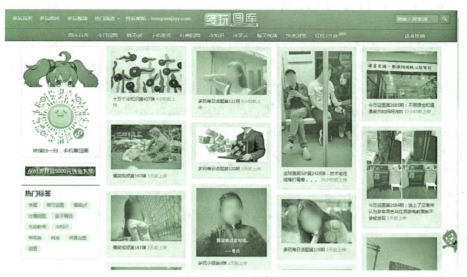

图 4-2-4　多玩图库网站首页

图 4-2-5　SOOGIF 网站首页

需录制内容置于方框内,单击"录制"按钮,弹出"选择文件录制"对话框,选择保存路径并输入文件名后,单击"保存"按钮,此时会延迟 2 秒,以确保有充足的时间调整录制窗口和鼠标,录制框左下角出现计时代表启动录制了。

在录制过程中,可以单击右下角的"暂停"按钮,暂停 GIF 动图的录制,单击"继续"按钮可继续录制,单击"停止"按钮完成录制。录制保存的 GIF 动图内存非常小,实测 6 秒的扑克牌面积大小的 GIF 动图的内存为 53 kB。

（2）工具二：GifCam　双击打开软件,可拖动任意一角调整录制框大小。把所需录制内容置于方框内,单击"录制"按钮开始录制时,"录制"按钮会自动变成"停止"按钮,单击"停止"按钮暂停录制,再次单击将继续录制。

录制结束后,单击"保存"按钮进行保存。如需录制另外一张 GIF 动图,在不关闭软件的情况下,在"录制"下拉菜单中选择"新建"选项,否则会继续上一张 GIF 动图的录制。

4-13

（二）电影或视频片段截取 GIF 动图

（1）方法一：用 GIF 录制工具录制　启动 LICEcap 或 GifCam 软件，打开在线或本地视频，拖动调整录制框，把目标视频置于录制框内，即可录制 GIF 动图。

（2）方法二：用视频播放器截取　使用 QQ 影音打开目标视频，在视频的播放过程中或暂停状态下，单击右下角的扳手图标，选择"动画"功能，在弹出的 GIF 动图制作界面中有上下两条时间线，通过滑动灰色线上的滑块，可以控制 GIF 动图的起点，同时可以通过"微调"来精确控制起点和终点的截取区间。在"尺寸"列表中可选择图像尺寸，大尺寸 GIF 动图占用空间较大。在 GIF 动图的制作过程中，可以单击"预览"按钮以确定截取是否合适，截取完成后单击"保存"按钮。

"迅雷看看"播放器同样可以从视频中截取 GIF 动图，在本地打开视频，在播放或暂停界面中用鼠标右键单击播放界面，选择"GIF 动图截取"进入 GIF 动图制作界面。

任务评价

评价项目	自我评价(25 分)		小组互评(25)		教师评价(25)		企业评价(25)	
	分值	评分	分值	评分	分值	评分	分值	评分
GIF 图搜集	6		6		6		6	
动图效果	6		6		6		6	
软件使用	6		6		6		6	
完成度	7		7		7		7	

能力拓展

操作任务：制作出你喜欢的动图

动图会为你的文案增色不少，目前的资源信息多样又多变，与其上天入地找别人用剩的动图，还不如自己动手做个动图！

请同学制作并提交至少 2 个动图，包括图片叠加式的动图和录屏动图，录屏动图上需要配有字幕。

注意事项

（1）大家可以按照课程步骤搜索动图制作工具。

（2）不强制要求大家使用课程中的软件，大家可自行搜索尝试，市面动图制作软件的基本原理相同。

单元四 图片处理

任务三　制作九宫格图与 H5

学习目标

1. 学习新媒体九宫格图的制作方法。
2. 初步掌握使用 PPT 制作九宫格图的方法。
3. 学习新媒体 H5 动图的制作方法。
4. 初步掌握使用 MAKA 制作 H5 动图的技能。

学习任务

本任务以 PPT 作为设计工具,学习九宫格图海报的制作方法,并采用 H5 的常用的免代码制作工具 MAKA 来制作 H5 动图。

任务分析

九宫格图的形状由 9 个方格组成,借用九宫格图可以在海报设计及社交媒体配图设计方面发挥更多创意。初学者对于 H5 的设计可采用免代码设计平台进行,在无代码基础的情况下,通过免代码 H5 设计平台,可以方便、快捷地设计 H5 作品。

任务准备

移动端信息设备,新媒体应用 App 软件(微信、知乎、头条等),PPT 和 H5 的制作工具(易企秀、we+、MAKA、兔展)等。

任务实施

第一步：制作九宫格图

竖版海报是新媒体平台上常见的配图形式,九宫格海报的设计就是社交媒体的常用配图之一,如图 4-3-1 所示。

下面以 PPT 为设计工具,介绍九宫格图海报的制作方法,具体操作步骤如下：

(1)步骤 1　新建空白 PPT 文档,单击"设计"选项卡下"页面设置"组的"页面设置"按钮,在弹出的"页面设置"对话框中的"幻灯片大小"下拉列表中选择"自定义"选项,设置"方向"为"纵向",宽度和高度根据需要进行设置,单击"确定"按钮,将幻灯片调整为竖版幻灯片。

(2)步骤 2　选择"插入"选项卡下"插图"组的"形状"下的"矩形"选项,按住 Shift 键,按住鼠标左键并拖动,得到一个正方形。将正方形图片复制出 8 个,对齐成九宫格样式。用鼠标右键单击页面空白处,在弹出的快捷菜单中选择"网格和参考线"命令,然后单击选中"屏

新媒体运营实战技能

图 4-3-1　九宫格海报设计

幕上显示绘图参考线"与"形状对齐时显示智能向导"复选框,可提高九宫格的对齐效率。

（3）步骤3　单击"插入"→"图片"按钮,插入海报中需要添加的图片。双击图片,将图片裁剪成大小合适的正方形。选中目标九宫格图中的任一方块并用鼠标右键单击,在弹出的快捷菜单中选择"设置图片格式"命令,PPT设计界面右侧调出相应的设置面板。在"填充"下拉列表中单击选中"图片或纹理填充"单选按钮,正方形图片将自动填充在选中的方块中。使用相同的方法填充其他方块。

（4）步骤4　根据需要调整九宫格图方块的颜色并添加必要的素材信息,即可生成一张九宫格图海报。

（5）步骤5　单击"文件"→"导出"→"更改文件类型"→"PNG 可移植网络图形格式"→"另存为"按钮,即可导出当前九宫格图海报。

第二步：认识 H5 制作工具

无论大家使用哪种 H5 设计平台,建议都用微信账号登录,这样无论是 PC 端制作还是移动端制作,方便统一账号分享,同时在微信中看到 H5 作品时也可免去重新登录的麻烦,如图 4-3-2 所示。

H5 的制作工具包括易企秀、we+、MAKA、兔展等,设计方法相近。下面以 MAKA 为例讲解。

图 4-3-2　H5 设计平台

第三步：选择模板

MAKA 主页有大量的模板，按场景、风格划分，每个类目下再根据预算情况按照"全部""免费""收费"和"会员免费"进行详细搜索，或按照"热门"和"最新发布"2 个维度进行搜索。

第四步：编辑页面

（1）步骤 1　选择模板后，进入 H5 模板编辑页面。

（2）步骤 2　选择设计页面左侧的编辑功能按钮，可以使用图片搜索、版式选择、文本添加、素材添加、背景添加、照片上传、互动添加等功能。

选择设计页面右侧的选项可以对添加的元素或页面进行属性设置。设置内容包括图片设置、动作设置、图层选择、文本格式设置、背景设置等。

（3）步骤 3　选择设计页面中的灰色功能键可以对添加的元素或页面进行撤销、重做、预览、页面显示大小设置、网格设置等操作。

PhotoShop 功能作为 MAKA 平台的特有功能，支持上传 PSD 格式的设计图。一方面，平台素材库及模板可以满足大部分用户的需求；另一方面，针对特定需求设计 PSD 图层，可以制作更加个性化的 H5 界面。

第五步：添加动作

为每个页面设计添加素材后，接下来就可以对该素材或该页面设计动画了。单击主页面中的该元素,在功能区对添加的元素进行属性设置和动作设置。动作设置有进场动画、强调动画、退场动画3种选择。

第六步:添加音乐

制作完成后,单击设计页面右上角的"音乐设置"按钮,可添加一段背景音乐。平台提供了大量的音乐素材供用户选择,用户也可以单击"上传音乐"按钮,上传背景音乐。

第七步:页面设置

单击设计页面右上角的"作品设置"按钮,选择"页面设置"选项,可以对当前设计的 H5 作品进行滑动指示器、页码、翻页效果、自动播放的设置。

第八步:预览保存

(1)步骤 1　单击设计页面右上角的"预览/分享"按钮,可以预览当前设计的 H5。

(2)步骤 2　用户可以在预览界面右上角的设置作品信息栏中设置"封面""标题""摘要",便于分享到朋友圈或群内时更好地展示该 H5 的信息。

(3)步骤 3　单击设计页面右上角的"保存"按钮,然后单击"预览"按钮,扫描二维码或复制链接即可使用该 H5,保存后再次编辑 H5 并不影响其二维码及链接的使用。

以上就是基于 MAKA 平台的操作介绍,其他平台如易企秀、we+、兔展等,操作与其相似,不再赘述。

4-3-1
表情包收集
相关知识

任务评价

评价项目	自我评价(25 分)		小组互评(25)		教师评价(25)		企业评价(25)	
	分值	评分	分值	评分	分值	评分	分值	评分
图片效果	4		4		4		4	
软件操作	4		4		4		4	
版面设计	3		3		3		3	
背景设计	3		3		3		3	
动作设计	3		3		3		3	
音乐设计	3		3		3		3	
完成度	5		5		5		5	

单元四 图片处理

> 能力拓展

选择合适的表情包素材

表情包对于读者来说是快乐的源泉,对于小编来说可以展示作者内心想法,让文风整体更有趣味性,作者形象更加立体,因此学会如何找到合适的表情包就显得尤为重要。

二维码内为一段完整的文字,请同学们为文字分段,并在合适的地方插入应景的表情包。

一、说明

(1) 表情包不要求必须是同一系列的,但前后风格要统一,不要一会儿是萌宠风,一会儿又变成了"还珠格格"风。

(2) 表情包要用原图,保证清晰度和大小统一。

(3) 注意表情包与文字内容的关系,避免生拉硬拽,导致文风出现尴尬情况。

(4) 注意"度"的把握,避免表情包过多、内容过于活泼,导致整篇文章变得轻浮,不讨喜。

4-3-2 文字素材

二、实操要求

(1) 尽量找一些新奇的表情包,让人有眼前一亮的感觉,为文案增色。

(2) 请同学为分段后的文字配上至少 5 个表情包。

单元五

图文排版

单元介绍

本单元主要介绍图文排版的原则和基础知识，以及图文排版常用的工具，并学会用H5制作工具进行图文排版。学会从用户角度来设计排版，循序渐进，先做到方便用户阅读，然后引起用户兴趣，最后实现品牌形象传递。

很多人在排版时只是机械地使用排版工具，堆砌那些他们认为必需的元素，这样的排版很容易出问题，所以在排版时一定要从用户的视角出发，考虑用户的感受。

新媒体 运营实战技能

任务一　初级排版技巧

学习目标

1. 掌握图文排版的基础操作方法。
2. 初步掌握新媒体图文排版的能力。
3. 培养客户至上，服务用户的职业品质。

学习任务

本任务通过学习文案排版的各种技巧来打造一款让人眼前一亮的文案。

任务分析

如何快速提高排版水平？首先，应该明确排版的目的。排版的目的是：方便用户阅读，让内容服务用户。排版的附加目的是：引起用户兴趣，尽可能地通过内容引导用户关注企业公众号。排版的终极目的是：传递品牌形象。无论要实现哪个目的，都是基于用户的角度来思考的。

任务准备

移动端信息设备和新媒体应用 App 软件（微信）。

任务实施

第一步：固定模块

一、字体设计

（一）选对字体

排版的第一步是选择字体，不同的字体有不同的性格，而且适用于不同的风格。选对字体，不仅可以让排版事半功倍，还能营造出文章内容想要表达的氛围。比如，隶书就能营造出古朴的氛围，如果换了黑体，效果就没有隶书好。字体也是有灵魂的，当字体和文字内容和谐时，就能把作者的心声更好地传达出来。

这里介绍两类字体：衬线字体和非衬线字体。

1. 衬线字体

衬线字体有合适的比例，也有更恰当的线条。其线条有粗细之分，还有衬线装饰，使得线条末端形成很丰富的纹理，如图 5-1-1 所示。

再比如字体 Trajan，根据 1900 年前罗马石柱上的字体演变而来，比例严谨，线条有粗细变化，是最适宜阅读的字体，如图 5-1-2 所示。

单元五　图文排版

寒冬将至。

图 5-1-1　方正风雅楷宋简体

Winter is coming .

图 5-1-2　Trajan 字体

2. 非衬线字体

最有名的当属黑体，这种字体具有合适的比例，却拥有不恰当的线条，给人一种机械性的呆板，无论是线条、转角，还是直线，都像同一个模子做出来的，十分僵硬，如图 5-1-3 所示。

寒冬将至。

图 5-1-3　黑体字体

再比如 Dotum 字体，如图 5-1-4 所示。

Winter is coming .

图 5-1-4　Dotum 字体

(二) 尽量不使用默认字体

宋体、黑体等使用太多了，读者看到后会觉得很无趣、缺乏特点，如图 5-1-5 和图 5-1-6 所示。如果此时运用一款设计新颖的字体，比如说锐字工坊云字库美黑等有自身特点的字体，读者顿时会觉得眼前一亮。同时，因为注意力都在字体上了，对其他的排版会降低要求。

(三) 使用两种字体

全文只使用一种字体会让文章看上去比较无趣，同时使用好几种字体又会让读者眼花缭乱。折中一下，使用两种字体最好。一种用于标题，一种用于正文，这会比使用一种文字更加易懂，而且更加有吸引力，如图 5-1-7 所示。字体选择上尽量采用同一字族，每个字体的特色、刀锋等都尽量保持风格统一。

(四) 注意背景颜色和字体颜色的相似度

比如使用黑色的字体，就尽量不要选择同为黑色或者灰色的字体，因为这样一来就根本看不清到底说了些什么，如图 5-1-8 所示；而且也不要用些"辣眼睛"的配色，比如，蓝色字体配上红色背景，这简直是在摧残我们的眼睛。

新媒体运营实战技能

✕ 女国乌托邦

甚至会脱产考研。

此外，连续考好几年的人也会夹杂其中。

如果想上名校，报考更是扎堆。

上述都会造成竞争异常激烈，增加报考难度。

二、名校本土保护政策

在很多老师看来，外校的考研人员不一定具备基本研究能力；比如某些所谓考研兵工厂，他们只会抠考研题目，对学术研究前沿成果、学派、进展等一无所知。

这样一来，会造成研究生综合水平、素养、研究能力大幅下降，影响学校品牌及整体排名，对招考学校非常不利。

因此，top10高校在招录研究生时，更愿意招本校及外校的保研人员，只留少量名额给外校的考研人员。

附注：热心粉丝所在学校的本届保研、外校保研、外校考研比例为：

✕ 不二互联网

馈好坏会直接影响产品的走势。说句实在话，我觉得To B产品经理很多时候就像一个大客户经理，由于你会面对很多KA客户（Key Account），有时候大客户一个突发的需求都可能会被排期在最前面，毕竟To B产品KPI考核大多都以收入为主，这就会导致很多时候很难听见中长尾客户的声音。这时候，你需要通过客服了解用户最近对产品的反馈，这里说的有点片面，因为我看到的是这个样子。（这里我就想表达客服的重要，顺便说下To B产品面对大客户时的现状）。

因此，对于想要买产品的人的反馈，大多都是产品的功能与使用的问题，这时候你要做的就是尽可能地培训客服看产品文档的能力，如果是文档或者介绍页没有的问题，必须马上补充。

对于已经购买产品的客户的反馈，大多都

图 5-1-5　默认字体黑体的"女国乌托邦"截图　　图 5-1-6　默认字体黑体的"不二互联网"截图

✕ 那一座城

以前这天无心救出生的孩子们露面色，现让大姐会让附近学校的学生来这里体验手作烘焙。

如今，山里的学校也早已重建好，
孩子们可以安心读书考大学，
生活，回到了以前的安静美好。
但这不是她们刻意向往的远方，
是部落世世代代扎根的故乡。
每一次有人专程来造访，
大姐都特别感动，
她说，这只是我们的普通生活。
可是，这普通里总有些不一样，
**刺激到日日疲于奔命的我们，
让我们看到一束生活的光。**

✕ 用来做案例的公众号

比如说，我想用颜色强调
但是如果使用了太过相近的字体颜色后
就会变成这样
你能看出来上一句颜色加深了吗

阅读 3

图 5-1-7　使用两种字体的"那一座城"截图　　图 5-1-8　字体颜色与背景相近

5-4

单元五 图文排版

（五）字号的选择诀窍

一般来说，字号设置为 14px 或 15px，字号太大没有美感，字号太小容易引起视觉疲劳。字号小于 14px 的文章，可以选择黑色或者灰色，想要小清新的风格可以用深灰色。

（1）14px 字号适合文艺类、情感类等号型，用于深阅读型文章，比如时事评论、人物采访、学术内容。

（2）15px 字号是最中规中矩的、绝对不会出错的字号。

（3）16px 字号是微信默认大小，一般还没有进行排版的文章使用的是 16px，另外使用 16px 的字体看上去比较大，适合于面向老年人的文章。

文章各部分的字号范围，如图 5-1-9 所示。

（1）标题：推荐 16～18px。

（2）正文：推荐 14～16px。

（3）标注：推荐 12～14px。

（六）文字色彩的选用

（1）标题颜色尽量用主题色或 #000000，也可以用 #f79646、#3daad6、#2e6e9e，如图 5-1-10 所示。

（2）备注性的文字字体颜色建议使用 #a5a5a5，如图 5-1-11 所示。

标题：
凡是过去，皆为序章。（16px）
凡是过去，皆为序章。（17px）
凡是过去，皆为序章。（18px）

正文：
凡是过去，皆为序章。（14px）
凡是过去，皆为序章。（15px）
凡是过去，皆为序章。（16px）

标注：
凡是过去，皆为序章。（12px）
凡是过去，皆为序章。（13px）
凡是过去，皆为序章。（14px）

图 5-1-9　字号选择

凡是过去，皆为序章。（#000000）

凡是过去，皆为序章。（#f79646）

凡是过去，皆为序章。（#3daad6）

图 5-1-10　标题文字颜色选择

凡是过去，皆为序章。（#a5a5a5）

图 5-1-11　备注文字颜色选择

5-1-1 标题文字颜色选择彩图

（3）排版主色　通常和品牌色一致。比如，24HOURS 以黑白色为主，可以看到，其公众号内文也是以黑白色为主，如图 5-1-12 所示。

（4）一级二级标题、二维码、配图、重点内容、头像、顶部和底部引导等都使用排版主色即可，如图 5-1-13 所示。

（5）正文颜色，如图 5-1-14 所示。常用正文颜色，如图 5-1-15 所示。

正文全部颜色最好不要超过 3 种，不建议使用纯黑（#000000）作为正文颜色，手机端会比较刺眼，灰色会温和一点。

（6）标注颜色，用作引用内容、注释、声明等，如图 5-1-16 所示。常用标准颜色，如图 5-1-17 所示。

新媒体 运营实战技能

图 5-1-12　排版主色与品牌色一致

图 5-1-13　重点内容使用排版主色

凡是过去，皆为序章。（#2f2f2f）
凡是过去，皆为序章。（#595959）
凡是过去，皆为序章。（#3f3f3f）
凡是过去，皆为序章。（#333333）

图 5-1-14　正文颜色

#2f2f2f（推荐使用）、#595959、#3f3f3f、#333333

图 5-1-15　常用正文颜色

凡是过去，皆为序章。（#888888）
凡是过去，皆为序章。（#a5a5a5）

#888888、#a5a5a5

图 5-1-16　标准颜色　　　　　　　图 5-1-17　常用标注颜色

除了不要和背景颜色太接近，还有不要太辣眼睛以外，我们还有一些需要注意的事项。

字体颜色可以采用配色卡，参考一些配色方案，不过，全文颜色最好不要超过 3 种，否则就会太过花哨，降低文章的质感。如果在其他公众号上看到了喜欢的颜色，可以用微信自带的截图功能识别字体颜色 RGB，然后用 ATOOL 在线工具查询颜色色号，如图 5-1-18 和图 5-1-19 所示。或者直接沿用配色网站的色号，推荐 Color Scheme Designer。

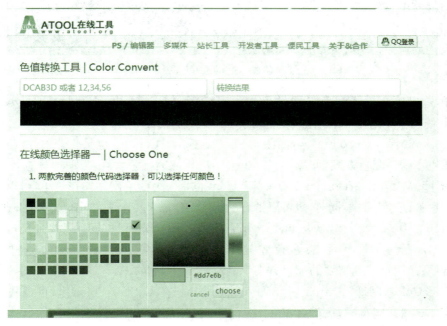

图 5-1-18　ATOOL 在线工具网站首页

5-1-2
颜色查询对
照表彩图

图 5-1-19　颜色查询对照表

Color Scheme Designer 的特点就是会给出对应的配色方案,所以对于配色小白,非常推荐使用此网站!绝对不会出现配色错误,如图 5-1-20 所示。

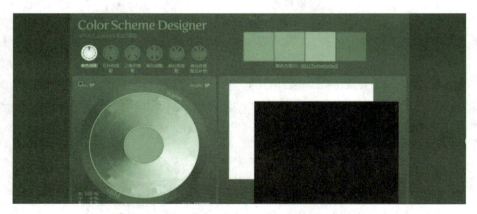

图 5-1-20　Color Scheme Designer 网站首页

另外,这里还有一些配色卡网站可供大家参考,如 Peise,网址为 http://www.peise.net,Peise 偏向于小清新、扁平化风格,如图 5-1-21 所示。

Coolors:https://coolors.co,如图 5-1-22 所示。Coolors 也是一个国外网站,你可以根据需要随意调整配色方案,而且在底部也会给出相应的颜色代码,方便用户查找。

Color Hunt:http://colorhunt.co。Color Hunt 也是一个配色网站。在这里,可以及时看到别人分享上来的配色方案,同时,也可以把自己的优秀作品上传上去,如图 5-1-23 所示。

Material UI:https://www.materialui.co。在 Material UI 里,可以找到流行设计配色方案、HTML 配色方案、平面 UI 配色方案。它把配色方案呈现在我们眼前,这样就更有针对性,更容易让用户找到需要的配色方案,如图 5-1-24 所示。

UISDC Color,网址为 https://color.uisdc.com。在 UISDC Color 里,可以找到中国色彩、中国传统色彩、网页配色、设计配色、配色图表、配色卡、SDC 优设网配色工具,如图 5-1-25 所示。

单元五 图文排版

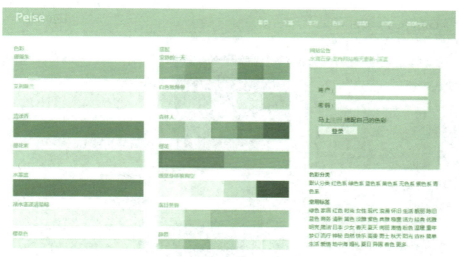

图 5-1-21 Pesie 网站首页

图 5-1-22 Coolors 网站首页

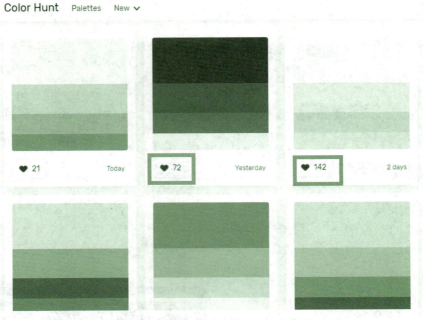

图 5-1-23 Color Hunt 网站首页

图 5-1-24 Material UI 网站首页

该网站采集了中国最为典型的传统色彩,当我们在做一些传统文化相关的传统配色方案时,可以在此网站上寻找灵感。在选用颜色时,切忌使用对比度高的颜色,那样会很刺眼,比如有些营销号就喜欢用醒目的加粗黄底大红字。尽量避免使用那些存在感太强的颜色。如果文章类型是深度抨击时事的,那么可以用冷淡醒目的深红或者深蓝;如果是

单元五 图文排版

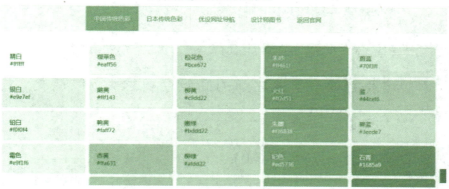

图 5-1-25　UISDC Color 网站首页

小清新的文章,可以加上浅绿、浅粉或者鹅黄,让文章少女心满满。同时,给文字加上阴影的时候,也需要注意判断加上阴影后的文字效果(比如黑色字体加上阴影就很难看)。最保险的方法就是选取比原文字浅两号的颜色,达到发光的效果,就很自然又带了点朦胧美。

所以,了解目标人群,针对性地选择一些合适的字体,可以帮助读者更好地理解文章内容。

(七) 字数的要求

微信图文的字数根据公众号属性调整,没有具体规则,一般情况下 1 000～3 000 字为佳,长篇文章不宜超过 8 000 字。

在字体部分的最后,推荐 3 款常用的字体:

(1) 细体:PingFangSC-Light。

(2) 日本字体:HiraKakuProN-W3。

(3) 英文字体:Zapfino、Cochin-BoldItalic、MarkerFelt-Thin、Futura-Medium、CourierNewPS-ItalicMT、Futura-CondensedExtraBold。

当然,为了安全起见,在使用字体之前,最好去字体公司的官网查询一下,了解字体是否还在免费使用期,因为字体公司的条款随时都有可能变化。

二、留白的美感

留白一直是保持美感的方法之一。密密麻麻、毫无留白、挤在一起的文字,肯定谁都不想再看第二眼,而太过松垮的留白又会让人失去看下去的动力。所以,如何保持适当的留白就成了排版的难题之一。留白可以分为字间距、行间距、段间距、页边距等。

(一) 字间距

字间距就是字左右的距离,字号越小,字母之间的间距就要越大,以使文字易于辨认。相反,如果将字号调大的话,紧致一些的间距可使字符之间不那么松垮,更易于阅读,如图 5-1-26 所示。

5-11

字号越小，字母之间的间距就要越大，以使文字易于辨认。

(字体14px 字间距3)

字号越小，字母之间的间距就要越大，以使文字易于辨认。

(字体14px 字间距0)

相反，如果将字号调大的话，紧致一些的间距可使字符之间不那么松垮。

(字体16px 字间距0)

相反，如果将字号调大的话，紧致一些的间距以至于字符之间不会那么松垮。

(字体16px 字间距3px)

图5-1-26 字间距

建议：字间距设置为1px或1.5px，最大不宜超过2px。可以在编辑器中调节字间距，0.5～1.5px都很常见。注意，px是像素的意思。1px会适当地扩大字间距，而使用1.5px就会让排版有呼吸感。假如每个字都紧紧地挨着，就像上班高峰期坐地铁一样，让人难受。

(二) 行间距

行间距，顾名思义，就是行与行之间的距离。它同字间距一样，需要保持合适的距离，因为我们的视线移动是"Z"字形的，适当地保持行宽可以有效地避免大脑处理冗杂信息。行间距建议设置为1.5px或1.75px或2px(字上下的距离)，1px太拥挤，如果文字较少就可以设置为2倍，如图5-1-27所示。

比如，想要小清新风格的，那么就可以设置左右留白，行宽值小，如图5-1-28所示。

怀一份恬淡的心态
远离世俗的羁绊
案前是一本线装的婉约派宋词
窗外传来的是婉转的鸟鸣
茶之清香方能与闲适的心境不期而遇

蒹葭苍苍
白露为霜
所谓伊人
在水一方

图 5-1-27　行间距　　　　　　　图 5-1-28　小清新风格行间距

但是对于诗歌型文字,行间距要适当拉大,因为字号越小,字间距、行间距应当越大,反之亦然。

(三) 段间距

通常情况下,段间距指的就是段与段之间的距离。我们会在每段上下都空一行(让用户有呼吸感),只有两段文字都在论述同一件事情时才不空行。

在一个小节结束时,可以多空两行,尽量让读者接收到"这一小节内容结束了"的信号。把控好段间距对我们的分段能力提出了要求,长段落会让人觉得阅读压力太大,短段落则容易打断排版的连续性,长、中、短段落相结合才能让读者在大段文字中迅速找到落脚点。控制好段间距,这样就可以分出逻辑上的段落层级,让读者认为这是一篇结构分明、层次清晰的文章。所以,利用段间距控制好留白是排版中非常重要的部分。

(四) 页边距

页边距是指各种对齐方式,主要有左对齐、右对齐、两端对齐、居中。建议两端缩进尺寸为 1px,如图 5-1-29 所示。

1. 左对齐

如图 5-1-30 所示,左对齐左边会比较整齐,但是右边就非常难看,像锯齿一般粗糙。适用范围:干货类文章,符合阅读习惯、亲切自然,使阅读更加轻松;短诗歌,方便断句、突出某些信息,文艺气息满满。同时,左对齐式排版,首行不需要缩进。用首行缩进来区分段落,适合传统印刷读物。在网页端和手机端,书本式的排版会让读者感到压力,改用空格分行会让读者的阅读体验更好。

2. 右对齐

如图 5-1-31 所示,右对齐,新颖、有格调、时尚有现代感,是高端、贵气的一种排版方式,一般很少用。适用范围:追求时尚感的文章或者珠宝、地产、奢侈品的广告软文。

3. 两端对齐

如图 5-1-32 所示,两端对齐会使文章两边看起来更加整齐统一,满足强迫症患者的需要。但是邮箱地址使用两端对齐会使字间距比较奇怪,可以改用居中格式或左端对齐,并用换行改善排版效果。适用范围:追求统一感的文章。

4. 居中对齐

如图 5-1-33 所示,居中型排版以短句居多,视线集中、整体感强。如果一行文字太

新媒体运营实战技能

✕ 一周进步

打开手机电脑，我们每时每刻都在接触碎片化信息，这些信息，或是来自不同的平台、网站或APP，或是娱乐八卦、热点事件或知识干货。

面对这么杂乱的信息，我们的保存和处理方式也并不那么方便统一。

今天这篇文章来自今日头条，明天那个干货来自知乎分享。在日后需要翻看或思考的时候，难以找回当时的信息，更不用说进行了知识整理，以至于白白错过很多实用内容。

可以说，**高效处理碎片化信息**，已经成为这个信息爆炸时代的必备技能。

今天，我们就聊一聊怎么搞定各类文章中的碎片化信息。

01. 学会鉴别

随着碎片化信息攻占我们的日常生活，我们难

图 5-1-29　一周进步页边距

✕ 用来做案例的公众号

这是皇家芝华士的广告
假如你还需要看瓶子
那你显然不在恰当的社交圈里活动
假如你还需要品尝它的味道
那你就没有经验去鉴赏它
假如你还需要知道它的价格
翻过这页吧，年轻人

图 5-1-31　右对齐

✕ 那一座城

以前走亲无心教出垫的孩子感困惑，现让大姐来让附近学校的学生来这里体验手作烘焙。

如今，山里的学校也早已重建好，
孩子们可以安心读书考大学，
生活，回到了以前的安静美好。
但这不是她们刻意向往的远方，
是部落世世代代扎根的故乡。
每一次有人专程来造访，
大姐都特别感动，
她说，这只是我们的普通生活。
可是，这普通里总有些不一样，
刺激到日日疲于奔命的我们，
让我们看到一束生活的光。

图 5-1-30　那一座城左对齐排版

✕ 一周进步

感度书不能做影响，也能让关实践应用于服上用场。

比如阅读方法，思维模型，心理学原理，无论过去多久都能使用。这类信息，是我们需要按照上面的方法进行认真阅读的。

那么，怎么能让自己多获取到「长收益」信息呢？

① **关注高质量博主**

在每个细分领域，都有生产优质内容的头部博主，多留意关注这些博主，从源头上避免接触杂乱信息。

建议通过朋友推荐、知乎或搜索引擎搜索等方式，发现新的优秀内容，自己阅读筛选，最终留下符合自己需求的公众号。

可以按照内容类别进行选择，举个例子：

干货类：少数派、Appso、一周进步、灵媒说

图 5-1-32　两端对齐

长的话,就会使得眼睛很累、阅读体验非常差,而且字数太多的话也会出现一行放不下的情况。适用范围:娱乐型文章、产品功能介绍文,可俏皮、可正式的排版方式,视觉上没有任何阅读压力。

以上,就是各种对齐方式的简介,无论是字间距、行间距,还是段间距、页边距,最终目的都是控制好留白、优化阅读体验。这些方式需要合理地运用,才能达到最理想的效果。

注意,不同的对齐方式不能放在一起用,否则就会破坏整体的统一感。

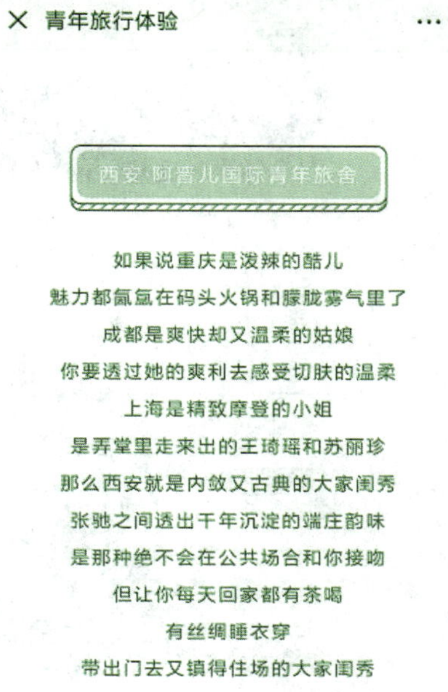

三、图片的运用

善用图片可以为文字增色不少,适当增加图片可以增加许多趣味性。

1. 照片

照片一般用于展现活动现场气氛,或者对文字内容进行补充说明。照片一般不用特意处理,直接放进正文即可。如果照片质量较差,可以简单处理图片亮度、对比度,使照片更加美观,如图 5-1-34 所示。

2. 表情包

在推送中插入表情包是一种很好的放松气氛的方法。一般使用当下比较流行的表情包,可以使文本不那么单调(也可以使用微信自带的表情包)。表情包一般要在编辑界面调整大小,对于正方形的表情包,宽度占整个屏幕的 1/3～1/2 为佳,如图 5-1-35 所示。

3. 图片的选用

除了使用照片和表情包外,还要从网上找一些图片。配图对内容的打开率有很大的影响,图片的选用必须注意是否与内容定位相匹配。除此之外,还要注意以下几点。

建议在每一张封面图上都加上品牌标识(logo),宣传品牌文化,如图 5-1-36 和图 5-1-37 所示。

平时多注意积累封面、正文图片素材。尽量选择有"爆点"的图片,让人产生点击的欲望,如图 5-1-38 所示。

在一篇文章内,推荐使用同色系插图,如果有条件可以请画师画图,符合文章主体风格即可,如图 5-1-39 所示。

关于图片尺寸,之前的微信封面图一直都是 900 px×500 px,2018 年 6 月,公众号改版后,调整为 2.35∶1,即 900 px×383 px,如图 5-1-40 所示。

从图 5-1-40 可以看到,在不同的使用情景,封面图会被自动裁剪成不同的尺寸。因

图 5-1-33 居中对齐

图 5-1-34 人民日报照片的使用

新媒体 运营实战技能

图 5-1-35　未来网表情包插入

图 5-1-36　那一座城图片选用

图 5-1-37　Sir 电影图片选用

图 5-1-38　未来网有爆点的图片

单元五 图文排版

图 5-1-39　GQ 实验室同色系插图

GQ 实验室色素插图

图 5-1-40　图片尺寸问题

此，重要信息应放在中部视觉区域内，防止文章被分享后信息不全引起歧义。正文图片最好选择 500 px×300 px 大小的。

另外，图片的大小也要多加注意。

静态图：保证在100 k以内，比例建议选择16∶9和4∶3，不建议使用竖构图图片；图片像素的宽度控制在1 000 px左右。动态图：保证在500 kB以内，图片像素的宽度为1 080 px，长度根据实际需求调整。最好能够用软件（比如美图秀秀）改为jpg格式，不要使用png格式，因为png格式图片比较大，而大图片在网络不好的时候很难被加载出来。有条件的话，也可以使用gif格式的图片。

4. 图片的排版

选好图片以后，就要排版图片了。

图片的排版方式主要有以下几种：上图下文、下图上文、左图右文、右图左文、图文环绕，如图5-1-41所示。

图5-1-41 图片排版

图5-1-42 顶部引导

第二步：正文模块

上面介绍完了固定模块，这里开始按照正文的顺序介绍每一个组件的排版规范。

正文主要分为3个模块：顶部引导、内文排版、底部引导。

1. 顶部引导

点进文章看到的第一眼就是顶部引导，它起着非常重要的作用。如果读者看一眼就觉得索然无趣，就很难继续阅读下去，如图5-1-42所示。

可以用PS做顶部引导关注的图片，也可以不在顶部引导上做文章，用图片替代，给读者更为直截了当的阅读体验。

顶部引导关注的4种作用：

（1）注意版面长宽比，避免占用大块空间。

（2）植入标识或者品牌文化。

（3）引导置顶、关注、点赞、回复。

（4）当花瓶，让人欣赏其艺术价值。

单元五 图文排版

2. 内文排版

内文排版需要关注以下3点：

（1）字体，包括字号和颜色。

（2）间距，包括字间距、行间距、段间距和页边距。

（3）配图。

3. 底部引导

如图5-1-43所示，底部引导不用太过考虑篇幅的大小，可以尝试用新奇有趣的图片引起用户的关注。让新用户看到的时候，能够迅速明白该公众号的定位。

底部元素主要有底图、投票、作者信息、版权声明、合作说明、引导（话题互动）、关注语、往期推荐、二维码、赞赏、阅读原文。

底部引导关注则需要承载较多功能：

（1）往期文章回顾。

（2）二维码名片或者引导置顶。

（3）求点赞、求回复、打广告。

可以借助短网址和二维码生成器制作二维码，能较有效提高转化率。推荐一个二维码生成器——草料二维码，地址：https://cli.im/，如图5-1-44所示。

图 5-1-43 底部引导

图 5-1-44 草料二维码

此外，我们还有可能面临转载文章的情况，那么此时就必须在文章开头或者文章末尾添加一个文章出处、导语或者版权声明，可以参考以下格式。

新媒体 运营实战技能

1. 文章头部以"导语"开头

字号：32px；色号：#888888，金句加粗；导语结束后空一行用分隔线分隔，分隔线下标注文章出处。

2. 文章出处格式

字号：14px；色号：#888888。

3. 版权声明

（1）字体　字号：14px；色号：#888888。

（2）位置：正文后面空一行，左对齐。

任务评价

评价项目	自我评价(25 分)		小组互评(25)		教师评价(25)		企业评价(25)	
	分值	评分	分值	评分	分值	评分	分值	评分
字体设计	5		5		5		5	
留白	5		5		5		5	
图片的运用	5		5		5		5	
标点	5		5		5		5	
强调	5		5		5		5	

能力拓展

根据所学知识，回答下列问题。

什么是读者最喜爱的模板？我们该如何去挖掘、找到读者最喜爱的风格？可以从竞品分析、聘请专业设计师、实践实验这几个角度进行分析。

任务二　进阶排版技巧

学习目标

1. 掌握图文排版的进阶操作方法。
2. 掌握新媒体图文排版的能力。
3. 培养客户至上，服务用户的职业品质。

单元五　图文排版

> 学习任务

本任务通过进一步学习图文排版的技巧,让同学们将知识内化于心、外化于行,让操作真正变成技能。

> 任务分析

当读者看到很多字的时候,会感到视觉疲劳,"如何使版面让读者感到舒服"变成了我们的任务之一;当读者渴望优质的阅读体验的时候,"如何提高排版的品位"变成了我们的任务之一;当读者就是想看新奇有趣的内容时,"如何采集新颖的素材并以有趣的方式排版来配合文章内容"变成了我们的任务之一。

> 任务准备

移动端信息设备和新媒体应用 App 软件(微信)。

> 任务实施

用编辑器排版固然好使,但如果我们想要更美观的排版,还是只能用 PS,我们只要先把内容排到图片中,再把图片插入公众号中就可以了,如图 5-2-1 和图 5-2-2 所示。

图 5-2-1　公众号顾爷截图

图 5-2-2　公众号 GQ 实验室截图

所以，我们准备了一个 PS 专项，帮助小白快速突破 PS 排版。

第一步：版式设计

在上面的初级教程中，已经告诉大家图片的主要排版方式有上图下文、下图上文、左图右文、右图左文、图文环绕，这是最基础的部分，但是想要版式设计得高大上，就必须再探究排版背后的原理。

1. 版心

为什么有些书籍和网站看起来特别高大上？因为设计师针对设计项目预先设计了一套"网格系统"，将页面切割成了一个个网格，然后再确定版心，使内容看上去处于安全范围内、符合人的视觉范围。

版心就是指内容创作区域。呆板的版心设计的上下、左右边距都是相同的，除非为了刻意体现严谨的感觉，一般情况下不建议使用；灵活的版心设计上下、左右的边距都不同，且成一定的比例，接近黄金分割比，在现代版式设计中，多采用这种灵活、自由的版心设计。黄金分割比指将整体一分为二，较大部分与整体部分的比值等于较小部分与较大部分的比值，约为 0.618。这个比例被公认为最能引起美感的比例，因此称为黄金分割。

所以，大家在设计过程中应尽量寻找黄金分割，这样版面会更好看，如图 5-2-3 所示。

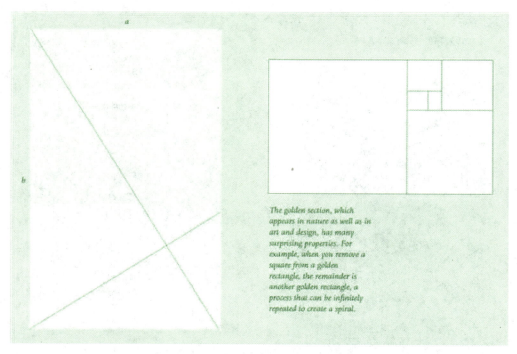

图 5-2-3　接近黄金分割比的版心设计

在确定下来版心之后，把版心用水平线或者垂直线切割成一个个网格，然后在不同的网格中安排不同的内容,这也就是 PS 排版的精髓。因为 PS 排版主要就是安排不同网络之间的留白比例、图文分配,但千万不要被网格所限制,网格是完成一件规划合理、定位精准的艺术品的辅助工具,而不是限制灵感的工具。

可以使用单个格子,也可以将多个网格连起来作为某一个内容的安排空间或者留白,至于怎样安排,就涉及我们的构图思维了。

2. 版面率

版面率就是指除去页面天地、左右的余白,版面所占的面积比例。

在页面内容较多的时候,容易给人压迫感,所以通过适当地留白,提高图片的色调,可以让人放松下来。

扩大留白,降低版面率,减少内容信息,能给人一种高级感。

缩小留白,提高版面率,增加内容信息,更加热情活力,适用于需要传递大量信息且留下深刻印象的排版。

第二步:PS 排版构图

1. 对称型构图

对称型构图是最具代表性的方式之一,上下左右、重复交替,可以让页面灵活起来。最重要的是,对称型构图方式给人以视觉平衡的感觉,能让读者看得舒心。

2. 对角线构图

让元素结构呈对角线分布,以获得更动态的照片,让画面充满动感。

3. 三分法

就像相机将场景划分成九宫格一样,在 PS 排版时也可以通过 4 条线和 4 个交点把整个页面切割成 9 大块,每一块设置不同的内容或者留白。同时,在分配 9 个方块时,不一定要一个格子对应一块内容,完全可以一对二、一对多,打破平均分割的框框,调整页面节奏。应当在有规律的设计方法中找到突破。

4. S 字形构图

利用 S 字形构图,可以引导读者视线,对增强用户体验有重要的作用。

视线流动的轨迹多是从上到下、从左到右,如果排版设计打破了这一规则,用户在阅读时就会变得很吃力,找不到重点,进而反感。尤其现在采用上下滑动的方式,做好视线引导,可以大大降低用户的负担和阅读疲劳。

S 形视线会引导视线向下,在视线转角处,视觉轨迹最为密集,浏览更为集中。在切换的地方,视线转折停留时间过长,所以应该把重要的内容放在视线转角处,这样更容易让用户记住重点内容。

其实还有很多的构图方式没有介绍,但究其本质,还是要关注"构图中各个元素的位置关系"。但位置关系并不是排版的决定性因素,还有色彩和谐、动静结合等,如果位置关系限制住了我们的构图思维,就会陷入僵局。

借用一句摄影师普遍认可的话,"一切法则都注定要被突破!"我们可以利用位置关系,但是不能被位置关系局限住灵感。

新媒体 运营实战技能

第三步：排版工具

可以用 PS 进行图文排版，也可以使用别的工具在手机上排版（不过最好还是利用 PS 排版）。在这里给大家推荐几款排图工具：

（1）创客贴。
（2）简·拼。
（3）美图秀秀。

第四步：排版的色彩搭配

因为之前的排版主要局限于编辑器内，对色彩没做太多要求。

用 PS 做公众号文章排版，就必须了解色彩的基础知识。

步骤1：整体定调

给整篇图文确定大概的色彩基调，冷色调或暖色调，这一步可以有效防止在接下来的配色步骤中出现色彩混乱的情况。

步骤2：确定主色

主色决定了整体色彩趋向，是一个整体的色彩基调。在所有出现的色彩中占比往往不低于 75%。建议选一个明亮、柔和的基色或者间色作为开始（基色就是红黄蓝，间色就是三原色组合成的颜色），这样的选择往往是相对安全的。

步骤3：确定辅助色

辅助色主要起到辅助主色的作用，可以使色彩更加丰富完美。辅助色的占比往往在 20% 左右。

1. 单色

单色就是通过对同一颜色加上 10%～90% 白色或黑色的透明度层后获得的一组颜色。色相相同，又能产生和谐的对比效果，因此单色的应用在设计中非常重要。

2. 邻近色

采用在色相环中相邻的色彩，虽然不会产生高对比度，但是如果觉得自己的设计在色彩上太过单一的话，可以使用临近色来增加色彩上的变化，比如橙色是黄色的邻近色。将色相值增减 30～50，就能得到一个新的邻近色。

3. 互补色

互补色就是指在色相环中，互为 180° 的 2 个颜色。互补色能产生强烈的对比效果，用在需要强调的地方效果会非常好。比如红和绿、黄和紫。将色相值增加整个色相条宽度的一半，就可以得到当前颜色对应的互补色。

步骤4：确定点缀色

点缀色有时候也称为点睛色，取画龙点睛之意，往往具有引导阅读、装饰画面、营造具有特色的画面风格的作用。整体占比常常在 5% 左右。

比如，如果全文都是以深灰为主，那么可以选择黑色作为点缀色，也可以使用墨绿、墨蓝等作为点缀色。

5-24

单元五 图文排版

任务评价

评价项目	自我评价(25 分)		小组互评(25)		教师评价(25)		企业评价(25)	
	分值	评分	分值	评分	分值	评分	分值	评分
版式设计	5		5		5		5	
构图	5		5		5		5	
排版工具使用	5		5		5		5	
色彩搭配	5		5		5		5	
任务完成度	5		5		5		5	

能力拓展

根据所学知识，回答下列问题。排版的功能有哪些？怎样排版才算得上优秀？

任务三　图文排版工具

学习目标

1. 掌握图文排版工具的使用方法。
2. 初步掌握图文排版工具的应用技巧。
3. 培养从用户角度考虑问题的职业品质。

学习任务

本任务通过来学习几款实用的图文排版工具来进行图文设计。

任务分析

好的排版不仅能够带来阅读体验的提升，还能为公众号带来更多的粉丝。相信大家有看到一些不错的文章，会相互转发，说："你看，人家这排版做这么好看，为什么我们不能做成一样的？"

不管是新手还是老手，在微信图文编辑的时候或多或少都会遇到问题，那么如何快速地解决自己的问题？磨刀不误砍柴工，首先是拥有一个足够给力的微信图文排版工具。

任务准备

计算机网络，移动端信息设备和新媒体应用 App 软件（微信）。

5-25

新媒体 运营实战技能

> 任务实施

第一招：新媒体管家

新媒体管家 Plus 是一款帮助运营者提升运营工作效率的新媒体工具。新媒体管家 Plus 插件依托于主流浏览器，在安装插件的浏览器中打开微信公众平台后台，即可使用插件提供的增强功能，如图 5-3-1 所示。

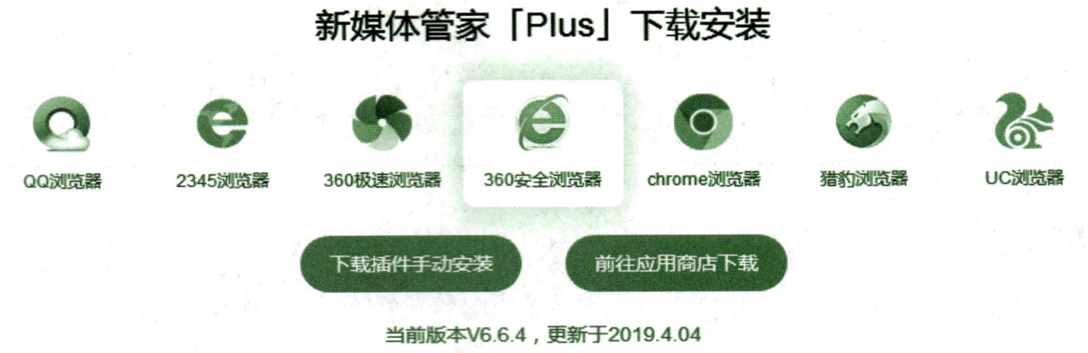

图 5-3-1　新媒体管家

例如，在 360 安全浏览器中，登录新媒体管家官网下载完成后，打开浏览器的"扩展程序"，把插件拖曳至浏览器即可安装。安装完成后，浏览器右上角会出现新媒体管家的蓝底白字图标"P"。单击图标"P"即可登录账号。

新媒体管家 Plus 插件同时支持小程序、今日头条、微博、一点资讯、企鹅媒体平台、百度百家、网易号等平台。

关于排版增强功能，新媒体管家目前只支持微信公众平台。通过扫码登录新媒体管家后，再登录微信公众平台，运营者即可看到插件扩展出的各项功能，其中包括灵感中心、样式中心、采集文章等。

第二招：壹伴

壹伴提供与新媒体管家功能类似的服务。通过官网下载插件并安装至浏览器即可使用，如图 5-3-2 所示。熟练运用壹伴插件的功能，可以大大提高运营者的图文编辑效率。登录官网，根据浏览器提示下载并安装壹伴，安装完成后，微信公众平台后台的首页中会增加数据统计、热点汇总及单篇文章数据统计等功能。

图文编辑功能栏中新增了一行编辑功能栏，其中，"一键排版"可以保存不同的排版样式，方便运营者对不同的图文采取一键排版，提高排版效率。

图文编辑页面的左右两侧分别增加了样式中心和扩展功能。右侧的扩展功能提供了导入文章、导入 Word、配图中心、手机传图、生成长图、生成二维码的功能，能够极大地提高运营者的排版效率。

单元五　图文排版

图 5-3-2　壹伴

第三招：西瓜助手

西瓜助手更偏重于公众号数据分析和文章采集。导航栏中新增了灵感订阅、采集库和数据看板功能，已群发消息中提供了违规检测功能，一键检测历史发文是否存在违规风险及疑似违规的类型，如图 5-3-3 所示。

图 5-3-3　西瓜助手

在图文编辑页面中，西瓜助手提供了查看源码、多图排版、一键过滤、快速编辑功能。

图文编辑页面的左右两侧分别提供了样式中心、导入文章、金句海报、生成长图等功能，以满足运营者的排版需求。

5-3-1
图文排版工具

5-27

新媒体运营实战技能

任务评价

评价项目	自我评价(25分)		小组互评(25)		教师评价(25)		企业评价(25)	
	分值	评分	分值	评分	分值	评分	分值	评分
新媒体管家	7		7		7		7	
壹伴	6		6		6		6	
西瓜助手	6		6		6		6	
任务完成度	6		6		6		6	

能力拓展

根据所学知识,完成以下实操内容。撰写一篇排版优秀的文章。

一、实操目的
写出一篇能够吸引用户阅读的文章。

二、实操步骤
(1)写出一篇内容尚可的文章。
(2)利用排版工具增强文章的美观度。

三、排版学习自检

维度		查验项
文章整体风格	对齐	文字两端需对齐
		全篇为一种对齐方式
	一致	全文段间距一致
		全文行间距一致
		全文字间距一致
		全文缩进一致
		小标题字号一致
		正文字号一致
开头/结尾引导	开头	需有点击关注/图片等引导
	结尾	有引导关注二维码
		引导关注语

5-28

单元五　图文排版

续　表

维度	查验项
文章配图 （注意版权问题）	图片与文章主题搭配合适（文中的图片和表情包都鼓励自己制作）
	图片上下有留白
	图片边缘与正文边缘一致
	配图清晰且无水印
	文字中不能掺有符号表情
段落处理	段间距需大于行间距
	段落首行不用空两格
	段落中的文字以 3～5 排为宜
文字颜色	文字颜色不刺眼，也不会让用户忽略
	文字整体颜色不超过 3 种
	文章有自己的主题、品牌色，且主题色符合文章风格
	正文颜色建议用♯595959 或♯3f3f3f
	标注色一般使用比正文浅的颜色，常用的色号有♯888888、♯a5a5a5
强调	强调部分字号跟正文字号相同
文字字号	文章字号数应小于 3 种
	标题、正文字号适中

单元六

数 据 分 析

单元介绍

过去10年，互联网行业迅猛增长，与此同时，带来了一大批互联网新兴行业，数据分析师从千军万马中杀出，成为最近非常热门的职位之一。

1. 数据分析人才产生了巨大的缺口

数联寻英发布的《大数据人才报告》称：目前，我国大数据人才仅46万，在未来的3~5年内，大数据人才缺口将达150万之巨。

2. 数据分析是各个行业都需要的技能

人才缺口主要集中在三大行业：移动互联网、计算机软件以及金融，总占比为64%。数据分析师不仅具有广泛的行业适用性，而且收入水平还不错。

3. 数据分析行业是一个暴利行业，前景一片大好

国际知名数据公司IDC提出："到2020年，企业基于大数据分析的支出将突破5 000亿美元，大数据在未来4年内，能帮到全球企业赚取约1.6万亿美元的收入。"

新媒体运营也是同样的道理。做新媒体运营却不做深度的数据分析，就相当于拿到一手牌，对整个牌局的分布情况完全没有概念，以为只要凭着感觉，打出手中的牌，就能赢牌。不言而喻，等待你的多是败局。

在新媒体这场牌局中，用户会撒谎，舆论会撒谎，评价也会撒谎。所以，真正的新媒体运营高手一定是新媒体数据分析高手。

这里所说的新媒体数据分析高手不是那种智商超过爱因斯坦，能够计算乃至发明各种复杂高深运算模型的数学天才。而是指那些只需要通过简单的数据整理分析，就可以达到完美运筹布局新媒体，实现高效创收的人。

既然是运筹，就不可能只着眼于某一个点，而是着眼全局。换句话说，在新媒体数据分析上面，对账号数据进行统计、计算、分析只是基础能力，对整个行业生态下的新媒体运营有洞察、会统筹、懂布局、能实操才是真正的高手。

新媒体 运营实战技能

任务一　数据分析思维

学习目标

1. 了解新媒体数据分析思维方式。
2. 常见的数据分析误区。

学习任务

本任务学习分析数据分析思维方式，明确新媒体数据分析方法，解决常见的数据分析误区。

任务分析

企业坚持分析新媒体数据，掌握数据分析的思维方式，是为了更好地了解运营的质量、预测运营的方向、控制运营的成本以及评估营销方案，而这 4 个方面也恰恰是新媒体数据分析的意义所在。

任务准备

移动端信息设备和新媒体应用 App 软件（公众号、知乎、今日头条等）。

任务实施

第一步：分析数据分析思维方式

一、结构化思维

人类大脑在处理信息的时候，有 2 个规律：第一，不能一次太多，太多信息会让大脑觉得负荷过大；第二，喜欢有规律的信息。只要我们能培养"结构化思维"，将零碎而复杂的信息整合成有规律的信息，就能提高数据分析的有效性，提高解决问题的成功率。

应该如何培养结构化思维能力呢？最容易制造结构感的方式就是自上而下地分析问题。具体这样做：

第一层，最顶端放置最需要解决的问题，先明确观点；

第二层，将问题从多方面进行拆解；

第三层，将拆解后的问题从某个方面进行分析或者进一步拆解。

我们拿一个产品销量下降的例子来做具体分析：

第一层，为什么销量下降？

第二层，销量下降的原因主要有两方面：一是消费人数下降，人均销量不足；二是降低了单价，拉低了整体销量。

6-2

单元六 数据分析

第三层,接着第二层分析,消费人数下降的原因包括两方面:新客下降、老客下降。人均销量由单次购买量和购买频率组成。

第四层,新客增加主要是通过各种渠道,新客下降是因为各种渠道出现了问题,老客由回头客、忠诚客、普通客构成,因为这些客户的流失,导致了老客流量的下降。

二、指标化思维(万物皆可量化)

指标化思维就是指将各个指数拆分,让运营的每一个步骤都能得到量化,让数据更加清晰,便于从细节化的方向入手,如图6-1-1所示。

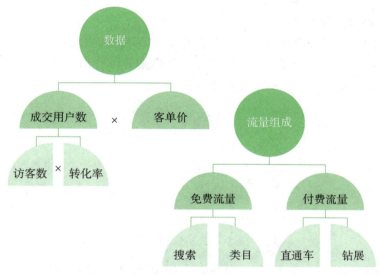

图6-1-1 指标化思维

举个例子:

$$销售额 = 成交用户数 \times 客单价$$
$$成交用户数 = 访客数 \times 转化率$$

其中的成交用户数、客单价、访客数、转化率都是将抽象的事实转化为可量化的指标。当某一环节出现问题时,就可以通过指标分析出为什么事情是这样的,到底在哪里出现了问题。运用到新媒体运营中,就是利用指标分析每个环节的数据发生了什么变化。

用户从开始使用到离开,都会经历一系列的环节,如何设置并且利用指标对各环节进行分析,用何种思维、何种逻辑,都需要培养指标化思维。

三、创新思维

数据分析本身是为了突破旧思路,创造新思维。

举一个沃尔玛商品摆放的例子,人们很惊奇地发现,沃尔玛将看似完全不相干的两件商品——啤酒和尿布放在了一起。原因就在于,根据数据分析,有很多来沃尔玛购物的爸爸,他们在奉老婆之命购买尿布的时候会顺手买一瓶啤酒。于是,沃尔玛将啤酒和尿布放在一起,仅仅这样一个小小的创新,让沃尔玛的啤酒和尿布的销量翻了2倍!这足见思维创新能产生巨大的效益。

第二步：明确新媒体数据分析思维

有人可能会认为，新媒体的数据分析就是把后台的各种数据指标下载下来，做个纵向、横向的对比分析，制成个高大上的统计图。其实，严格来讲，这只能算是数据的阅读整理。这样的整理，并不能帮你达到运营目标。

所谓新媒体的数据分析，重点不在媒体数据，而在于媒体分析。不是因为有数据而分析媒体，而是因为有媒体分析，而后需要数据支撑。

步骤1：理解和认知基本的数据

每个新媒体平台，账号后台都有各种数据统计指标，比如，以公众号的图文分析为例，如图6-1-2所示。光是阅读来源这一项，后台就帮你细分统计出了很多数据。如公众号会话、转发、朋友圈、历史消息、看一看、搜一搜等。

图6-1-2　公众号阅读来源分析

这些数据指标并不见得都有用。到底哪一项数据有用，取决于问题是什么。比如，要想分析一篇文章的标题取得好不好，那么公众号会话阅读量就是一个重要数据；要想分析文章内容的传播指数如何，那么转发量就是一个重要指标。

这就要求你对平台给到的数据指标的内涵有清晰的认知和理解。这一点，只要熟悉了后台操作，都不难理解，此处不再赘述。

步骤2：分析基本数据

基本数据分析方法有5种，如图6-1-3所示。

图6-1-3　基本数据分析法

1. 对比法

基本上，在任何数据分析中，都会涉及对比。所谓对比法就是把同一维度下的两组或者多数数据放到一起来比较分析。

比如，我们想看最近1周阅读量最高的是哪篇文章。那么，先把最近1周的文章阅读量做一个统计,然后按照阅读量升序或降序排列,阅读量谁高谁低,一目了然。这就是一个最简单的对比法的运用。

但是,一般情况下,我们做数据分析都不太可能单一地去对比一个数据就能得出什么有价值的结论。同一个问题,通常都是多个因素相互交叉影响,这个时候,就需要从多个维度进行数据对比。

2. 立体分析法

导致一个问题的原因有多个,可能有空间的原因,可能有时间的原因,可能有地域的原因。为了全面、客观地找出原因,需要从多个维度将数据对比分析。这就是所谓的立体分析法。

比如,你今天发表的一篇文章,突然火了,粉丝数量大增。你激动了,想再写一篇类似的爆文,把这种火爆持续下去。于是,你就得思考,这篇文章的爆点是什么?具不具备可复制性?

首先,可能要横向、跨领域去了解一下,是不是你碰到了什么热点?碰上了什么偶然事件?或者赶上了什么好时机?以确定其可复制性。其次,还要从公众号会话、转发分享、看一看等多个指标去分析对比,到底是哪一个点促成了爆款,这其实就是一个立体多维对比分析的过程。这个过程其实还涉及第三种常见的数据分析法——假设验证法。

3. 假设验证法

当发现了问题,但是又不确定问题产生的原因时,就需要先对问题进行定性分析,提出假设结论。再通过对应的数据分析,一一验证假设成立与否。这就是假设验证法。

比如,你带领的团队运营了一个公众号,有一天文章发布出去后,阅读量跟平时没太大差别,新关注人数却猛增,是平时的好几倍。为什么同样的阅读量,关注人数会猛增呢?这时候,就需要先做一个定性判断。内因,可能是文章质量确实非常过硬,让很多新读者感觉到你公众号非常值得关注。外因,可能是团队为了完成指标,雇了水军。到底是哪种情况,还是两者皆有呢?这就需要用到假设验证法了。

假如是文章质量好导致的,就要从点赞、评论、分享转发等各项指标去对比其他文章,看是不是真地表现出了超越平常的优秀。如果是,那就的确是文章质量过硬导致的。如果不是,就继续验证下一种可能——被灌粉了。假如是被灌粉了,就要从新增粉丝的来源渠道(公众号右上角菜单、搜一搜、二维码扫描、名片分享……)——去对比分析其他时候的数据指标,从而验证这种可能是否成立。这就是假设验证法的运用。

4. 坐标法

有时候,要直观地看到2个标量之间的关系就需要用坐标法,如图6-1-4所示。比如,想知道最近几个月,公众号整体阅读量情况,这就涉及时间和阅读量之间的关系。

此时,把2个数据整理好,用坐标法统计整理出来,就一目了然了。

5. 分组归类法

分组归类法是指按照分析对象的不同属性,进行归类、对比、分析的方法。比如,你写了篇软文广告卖产品,想知道哪个年龄段的转化率最高,就需要用到分组归类法。你需要先把对象按照年龄段归类分组,再分别针对每一个组进行转化率的关联分析。做新媒体数据分析,把这几种方法掌握透彻,能够灵活使用,就足够了。

新媒体运营实战技能

图 6-1-4 坐标法

任务评价

根据所学知识,回答下列问题:
(1) 数据分析有哪几种思维方式,各有什么特点?
(2) 什么是新媒体的数据分析方法?

能力拓展

根据所学知识,回答下列问题:
(1) 新媒体行业最新趋势如何,对自己的账号将有怎样的影响?
(2) 最新的新媒体黑马科技是什么?它是有可能助力自己运营得更好,还是有可能颠覆自己当前所处的媒体格局?

任务二　新媒体数据分析技巧

学习目标

1. 了解常用的数据分析工具。
2. 掌握新媒体数据分析基本步骤。
3. 了解新媒体数据挖掘方法。

学习任务

本任务通过学习常用的数据分析工具,从四大维度全面把控新媒体数据分析,进行新媒体数据的深度挖掘。

单元六 数 据 分 析

任务分析

在本任务,我们学习新媒体数据,新媒体分析的目的是为企业新媒体工作做支撑。通过研究企业的内部数据、同行的运营数据以及行业的趋势数据,找到运营问题、发现内部规律,从而用数据驱动新媒体团队的整体提升。

任务准备

移动端信息设备和新媒体应用 App 软件(公众号、知乎、今日头条等)。

任务实施

前面说了,新媒体数据分析的终极目的,是印证、完善、提升我们对新媒体运营的思考深度、系统性、靠谱度。深度、系统的思考来自深度、系统的研究。这意味着,新媒体数据分析只有站在多维度、系统的角度上去进行,我们对新媒体运营的思考、把控才可能深度、系统。

具体来说,新媒体数据分析至少应该有以下 4 个步骤:选题分析、内容运营分析、竞品分析、行业分析,如图 6-2-1 所示。

图 6-2-1 新媒体数据分析

第一步:选题分析,通过 4 种热词分析工具深度发掘爆款选题

俗话说:"男怕入错行,女怕嫁错郎",新媒体运营怕选错题。选题做得好,内容质量即便不是最优,也可趁热度之势而上,实现爆款效果。选题做得不好,内容再优质,也可能石沉大海。有人说选题做好了,运营就成功了一半,这种说法一点不夸张。

选题分析的关键在于热度分析。热度分析包含热词分析、长尾词分析、热词指数分析、关键词词频分析等,如图 6-2-2 所示。这些分析对我们的分析能力要求不高,更多的是对检索能力、大数据平台工具熟悉度的要求。

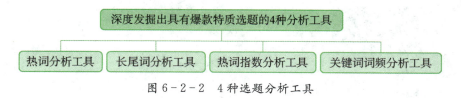

图 6-2-2 4 种选题分析工具

1. 热词分析

热词分析就是指通过大数据工具,发掘当下跟自己的账号定位一致的主题热词,由分析得出的热词来确定选题。

新媒体 运营实战技能

可以通过一些大数据平台、工具对这样的热词进行挖掘、统计、分析,用于选题指导,为爆款内容的产出打下基础。

很多大平台都提供了热点话题的统计、整理,可以直接拿过来用,比如微博热搜榜、今日头条热词分析、话题榜、百度搜索风云榜、爱微帮、知乎热搜、乐观号、西瓜助手等。

拿今日头条的热词分析来说。打开今日头条作者的主页,点击功能实验室之后,你会看到一个热词分析工具,如图6-2-3所示。

图6-2-3 今日头条数据分析工具

点击进入,会看到相关的热门事件、飙升事件。如果你的领域是社会娱乐话题,这个信息就有参考价值,如图6-2-4所示。

图6-2-4 热词分析

如果是其他领域,比如情感领域,可以在搜索框中输入关键词"情感",就可以找出整个平台上对应时间段的情感领域的热门文章,如图 6-2-5 所示。

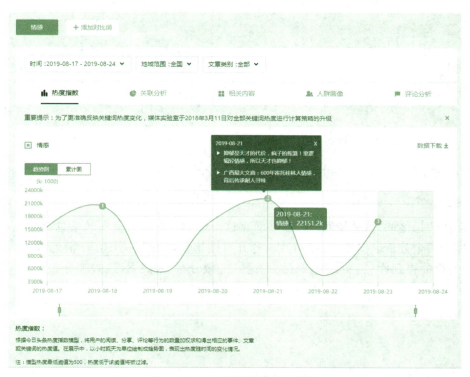

图 6-2-5 "情感"关键词分析

这些热门文章的关键词,可以作为选题的重点参考对象。

2. 长尾词分析

长尾词是包含核心关键词的词语组合或短语。它的作用就是帮助我们围绕核心选题的关键词,去拓展更多、更垂直的选题。

常见的长尾词分析工具:站长之家。比如,你所在的领域是情感类,利用站长之家的百度关键词挖掘功能就可以轻松发现关于情感的,更垂直细分的话题以及对应的热度,如图 6-2-6 所示。

通过上面的检索分析,会发现"情感挽回"这个词的搜索指数是最高的。那么,与"情感挽回"相关的内容创作或许就值得重点投入。

3. 热词指数分析

通过上面的工具挖掘到了热点关键词。这个词背后都是些什么人?分布在哪些地方,哪个年龄段?他们关注的程度变化趋势如何?

要回答这些问题,就要用到关键词"指数"了。关键词指数是用来分析衡量网民搜索趋势、洞察网民兴趣和需求、监测舆情动向、定位受众特征的指标。

常见的指数工具有百度指数、清博指数、微信指数等。

关键词	整体指数	PC指数	移动指数	360指数	预估流量(IP)	收录量	网站首位
情感挽回	3024	115	2909	0	1965～3326	1060000	www.puaok.com
情感语录	2772	202	2570	335	1801～3049	1130000	www.soivo.com
双向情感障碍	1442	291	1151	102	937～1586	258000	baike.baidu.com 双向情感障碍_百度百科
情感	1202	322	880	348	781～1322	21000000	emotion.pclady.com.cn
双相情感障碍	1130	217	913	50	734～1243	300000	baike.baidu.com 双相障碍_百度百科
情感口述	1067	88	979	805	693～1173	746000	www.027xo.com
情感故事	971	154	817	335	631～1068	2460000	www.duwenzhang.com

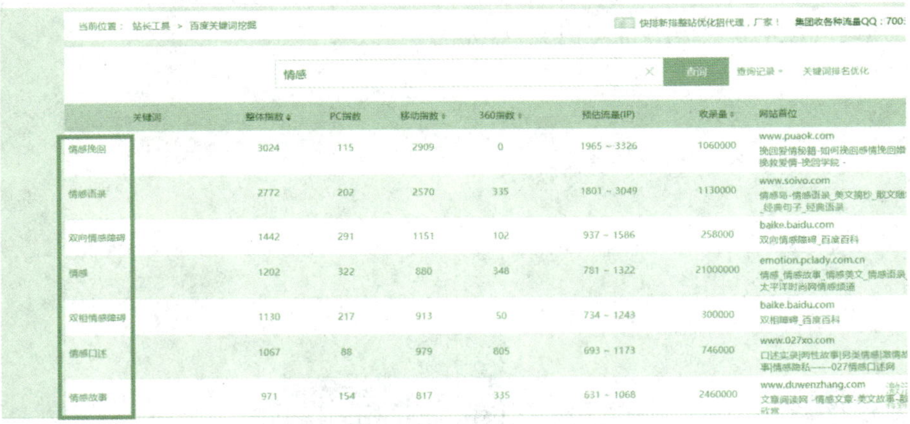

图 6-2-6　站长之家

拿前面的长尾词“情感挽回”来说，要获得这个话题人群背后更多的信息，就可以用关键词指数来做一个分析。例如，百度指数。打开百度指数，在搜索框输入“情感挽回”，进行搜索，很容易就能得到你想要的信息。搜索指数、地域分布、人群属性、兴趣分布等属性一目了然，如图 6-2-7～图 6-2-10 所示。

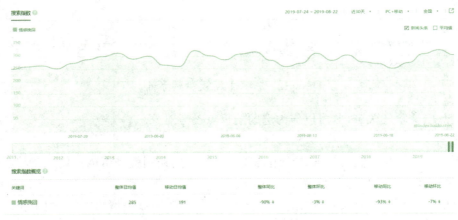

图 6-2-7　搜索指数分析

4. 关键词词频分析

关键词词频分析主要用来检测文章内各个关键词出现的频度。这项分析对今日头条等通过算法推荐内容的新媒体平台尤为重要。因为，算法推荐是由机器根据内容中的高频关键词来决定文章分发领域的。

比如，想写的是科技领域，但是文章中的高频词是与农业有关的，它就很可能被机器判定为农业领域的文章，就会分发给关注农业的人，这就造成了人群错位。学会关键词词频分析，正是为了避免这种误判。

要做词频分析，就需要用到词频分析工具，如新榜词云、图悦等。如新榜词云，进入“新

图 6-2-8　地域分布分析

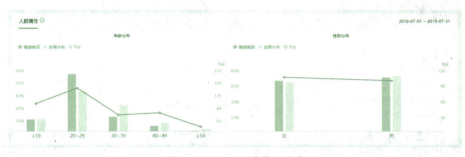

图 6-2-9　人群属性分析

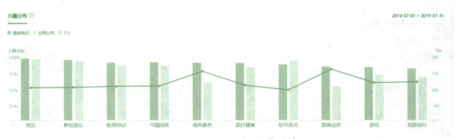

图 6-2-10　兴趣分布分析

榜官网"→"数据服务"→"词云",如图 6-2-11 所示。

在输入文本中把要统计的文字内容输入进去,点击"完成",如图 6-2-12 所示,就可以生成词云。在上面可以直观地看出哪些是文章中的高频词,如图 6-2-13 所示。

另外,通过词频分析,也可以发掘批量的爆款词。比如,把同类主题高阅读量的前 50 名或前 100 名的爆款文标题拿来进行词频分析,就很容易挖掘出这类主题的标题爆款词。这些爆款词可以反复运用到后面的标题中。

当标题爆款词累积得足够多、足够丰富时,出爆款标题的概率自然也会随之增加。并且,这些爆款词还可以作为选题来源。在某些时候,这一招比单纯学一些所谓的爆款标题套路更好使。

新媒体 运营实战技能

图 6-2-11　词云词频分析

图 6-2-12　输入文本界面

　　按照上面的分析流程走下来，要生产出具有爆款特质的选题、标题就不是什么大问题了。

第二步：内容运营分析，对"异常"情况展开数据分析

　　内容发布之后，总会遇到各种各样的问题，比如，文章质量很好，但是石沉大海；而你觉得很差的文章，用户反馈却异常好，等等。出现这些状况时，凭空去想是不可能找出答案的，只有通过数据分析才能找出背后的原因。内容运营分析正是指针对这些"异常"情况而展开

6-12

单元六 数据分析

图 6-2-13 高频词

的数据分析，如图 6-2-14 所示。

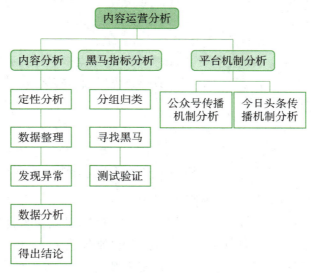

图 6-2-14 内容运营分析

一般，导致运营数据异常的原因可以归为以下两大类：

（1）一类是内容导致的异常。比如，内容质量不过硬，导致阅读走低，这就需要我们通过数据分析找出具体原因，并规避。又或者，内容质量非常过硬，数据表现超常优异，这就需要通过数据分析找出具体规律，并复制放大。这些都可以归为内容导致的"异常"。

（2）另一类是平台机制导致的异常。比如，同样一篇文章，在公众号上阅读量很高，但发到今日头条上则阅读量很少。这跟平台的传播机制有很大关系。如果不了解 2 个平台在传播机制上的差别，就很难解决跨平台运营的传播问题。

1. 内容分析

如果是内容导致的异常，通常就要围绕选题、标题、内容质量等几个方面做深入分析。分析的基本思路就是对比正常数据和异常数据的各项细分指标，进一步界定和寻找答案。

6-13

一般，可分为 5 个基本步骤：定性分析—数据整理—发现异常—数据分析—得出结论。

这里，我们以公众号陈六六的成长笔记的一篇文章来进行分析。

8 月 5 日的一篇文章"那些躺在'床上'上进的年轻人"，阅读量突然走高。平时公众号文章的阅读量维持在 2 000～5 000。

但是，这篇文章的阅读量飙升到了 6 000 多。是什么原因导致阅读量飙升？背后的规律有没有可复制性？需要我们做详细的数据分析。

（1）定性分析　所谓定性分析，就是在做数据定量分析之前，先做一个基本的方向性的判断，把原因框定在一定范围内。这是一个关键环节，它直接决定了后面收集的数据的有效性。

比如，虽然不确定导致公众号阅读量增长的具体因素，但是我们可以把它框定在以下 2 个范围之内：

1）内因：来自公众号内部的，如公众号文章打开率、文章分享率。

2）外因：来自公众号外部的，如朋友圈、微信群等社交圈子的大小（社交圈子越大，对原始阅读量的贡献就越大）。

那么，无非就是在上面几个因素当中去进一步界定。

（2）数据整理　有了上面的定性分析，该整理哪些数据指标也就清楚了，即我们需要把公众号会话打开量、转发量、朋友圈阅读量等数据整理出来，并对公众号文章打开率、文章分享率等指标做一个简单的计算。

2 个基本的计算公式：

$$文章打开率（会话打开率）=（公众号消息阅读人数 / 送达人数）\times 100\%$$
$$分享率=（分享转发人数 / 公众号消息阅读人数）\times 100\%$$

通过整理计算，并按照阅读量降序排列，数据如下：

图 6-2-15 中，每一个日期都对应一篇新文章的发布，其相关的数据分析如下：第一行红色框内的数据，对应的是 2019 年 8 月 5 日发布的"那些躺在'床上'上进的年轻人"的数据。这一天，图文总阅读量为 6 495，高于平日，主要得益于这篇文章的贡献。

（3）发现异常　到这一步，就要用到前面所述的各种分析方法了，如用对比法，对会话打开率、分享率等各项指标进行前后对比，找到"异常"指标。这个异常之处往往正是原因所在。

下面我们就把"那些躺在'床上'上进的年轻人"这篇文章的异常指标找出来。

代表外因指标的朋友圈阅读量，这篇文章是 105。把其他时间发表的文章，大于 105 的都用红色块标示出来，如图 6-2-16 所示。

对代表内因部分的指标，如会话打开率、分享率，也用同样的方法，用红色块把大于研究对象的（会话打开率大于 4.45%，分享率大于 1.46%），标示出来。

这样就会发现，在朋友圈阅读量、会话打开率、分享率这 3 个指标中，朋友圈阅读量、分享率这 2 个指标都有红色块，说明还有很多文章的指标更好。

那么这 2 个指标都属于正常。唯一不同的就是会话打开率 4.45% 这个指标，一个红色

单元六 数据分析

时间	图文总阅读人数	公众号消息阅读人数	朋友圈阅读人数	分享转发人数	微信收藏人数	会话打开率	分享率	收藏率
2019/8/5	6495	5740	105	84	34	4.45%	1.46%	0.52%
2019/8/2	5889	5233	155	27	7	4.06%	0.52%	0.12%
2019/8/7	5495	4946	153	44	6	3.83%	0.89%	0.11%
2019/8/12	5377	4745	166	46	29	3.68%	0.97%	0.54%
2019/8/9	5328	4949	81	11	6	3.84%	0.22%	0.11%
2019/8/24	5019	4659	106	19	5	3.61%	0.41%	0.10%
2019/8/19	4735	4331	20	65	31	3.36%	1.50%	0.65%
2019/8/14	4596	4170	103	24	7	3.23%	0.58%	0.15%
2019/8/27	4560	4210	95	42	14	3.26%	1.00%	0.31%
2019/8/28	4252	3785	212	31	20	2.93%	0.82%	0.47%
2019/8/16	4166	3878	61	35	2	3.01%	0.90%	0.05%
2019/8/17	4049	3686	10	12	8	2.86%	0.33%	0.20%
2019/8/23	3987	3688	82	37	3	2.86%	1.00%	0.08%
2019/8/20	3743	3192	233	107	18	2.47%	3.35%	0.48%
2019/7/31	3701	3067	123	42	23	2.38%	1.37%	0.62%
2019/8/22	3665	3418	47	43	11	2.65%	1.26%	0.30%
2019/8/10	3640	3299	27	10	3	2.56%	0.30%	0.08%
2019/8/3	3461	2807	76	26	15	2.18%	0.93%	0.43%
2019/8/15	3000	2724	16	47	6	2.11%	1.73%	0.20%

图 6-2-15 阅读量降序排序

	A	C	D	E	F	G	H	I	J
	时间	图文总阅读人数	公众号消息阅读人数	朋友圈阅读人数	分享转发人数	微信收藏人数	会话打开率	分享率	收藏率
	2019/8/5	6495	5740	105	84	34	4.45%	1.46%	0.52%
	2019/8/2	5889	5233	155	27	7	4.06%	0.52%	0.12%
	2019/8/7	5495	4946	153	44	6	3.83%	0.89%	0.11%
	2019/8/12	5377	4745	166	46	29	3.68%	0.97%	0.54%
	2019/8/9	5328	4949	81	11	6	3.84%	0.22%	0.11%
	2019/8/24	5019	4659	106	19	5	3.61%	0.41%	0.10%
	2019/8/19	4735	4331	20	65	31	3.36%	1.50%	0.65%
	2019/8/14	4596	4170	103	24	7	3.23%	0.58%	0.15%
	2019/8/27	4560	4210	95	42	14	3.26%	1.00%	0.31%
	2019/8/28	4252	3785	212	31	20	2.93%	0.82%	0.47%
	2019/8/16	4166	3878	61	35	2	3.01%	0.90%	0.05%
	2019/8/17	4049	3686	10	12	8	2.86%	0.33%	0.20%
	2019/8/23	3987	3688	82	37	3	2.86%	1.00%	0.08%
	2019/8/20	3743	3192	233	107	18	2.47%	3.35%	0.48%
	2019/7/31	3701	3067	123	42	23	2.38%	1.37%	0.62%
	2019/8/22	3665	3418	47	43	11	2.65%	1.26%	0.30%
	2019/8/10	3640	3299	27	10	3	2.56%	0.30%	0.08%
	2019/8/3	3461	2807	76	26	15	2.18%	0.93%	0.43%
	2019/8/15	3000	2724	16	47	6	2.11%	1.73%	0.20%

外因指标　　内因指标

图 6-2-16 内因指标和外因指标

块都没有，它就是最高的。正是我们要寻找的"异常"指标。

（4）数据分析　接下来就是拿异常指标来做具体分析了。做这一步分析，要求我们对每个指标与文章的关联非常清楚。

会话打开率跟文章的标题有关。假如会话打开率陡增，那可能是文章标题取得好，或者是标题中某个关键词蹭上了某个热点主题。

分享率跟内容质量有关系。假如分享率陡增,说明文章正好击中了读者的心,很多人都自发地转发分享。

朋友圈阅读量跟社交圈子的大小有关。假如会话打开率、分享率相比平日,并无异常,但朋友圈阅读量陡增(异常),那很可能是被某大V相中,转发了朋友圈。大V朋友圈资源雄厚,垫高了阅读基数,从而导致阅读量陡增。这种情况比较少,属于偶然性事件,可复制性不强。

"那些躺在'床上'上进的年轻人"这篇文章的异常指标是会话打开率陡增,其他都正常。说明这篇文章阅读量走高,主要是标题的贡献。

因为标题不含热点事件,所以排除了高阅读量源自热点的可能性。那么就只有一种可能了——说明很多后台潜水的粉丝,被这个标题吸引而激活了,从而贡献了阅读量。

(5)得出结论　分析到这里,结论也就出来了。阅读量走高的主要原因是标题取得好,那么这个标题就可以作为反复参考模仿的经典母本。

我们还可以对这个标题的亮点做进一步深入的解析。它的亮点就在"躺在'床上'"和"上进"这2个词的使用。前者是堕落颓废的表现,后者是上进的表现,一前一后形成了强烈反差,对读者很有冲击力。

运用这个规律,那么下一次可以写"那些打着游戏谈'理想'的人""那些带着狼心谈'道德'的人""那些带着色/贼眼谈教育的人"。

2. 黑马指标分析

如何通过历史数据分析,找出高价值的"黑马"运营指标?

掌握了上面的分析套路,同时,又有了大量的历史数据积累之后,我们还可以做很多更深入的拓展分析。比如,什么话题在你的领域最容易火?什么样的文章最容易引起评论转发?什么主题的文章最容易被人点赞收藏?这些问题,如果都能够用一些具体化的、稳定的指标来作为指导,那你的运营水平自然就会上一个台阶了。

例如,有一个教育号的小编,她在运营过程中,把账号中所有的高流量文章做了一个汇总。在汇总过程中,她发现了这么一个现象:有好几篇关于小学生学习习惯的文章,质量非常差,就是一些干瘪的、像小学生守则一样的条条框框的罗列,并没有实质性内容。但是,奇怪的是,它们却挤进了账号内高流量文章的行列。平时的文章,平均阅读量就是一两万,这几篇质量不高的文章却有高达几万的阅读量,是名副其实的爆款文。

于是,她就把账号内所有关于学习习惯主题的文章做了汇总、统计和对比,发现这类话题的平均阅读量果然整体偏高。为此,她把"学习习惯"这个话题列为"最受欢迎"话题。依此,又写了一篇关于中学生学习习惯的文章。结果,虽然当时没有成为几十万的爆款,但是也达到了五六万的阅读量,是平时阅读量的三四倍。她的操作,就是一个很好的示范。

其实,每一个有一定历史数据的账号中,都会出现类似上面案例中的现象——你觉得完全没有可圈可点之处的内容却给你创造了意想不到的佳绩,是典型的"无心插柳柳成荫"。

那么,这种内容就非常值得关注和分析了。你想想,无心之作都能有这么好的运营结果,那么好好地运营这类话题,效果岂不是更好?像这样的"异常"话题,可以称为黑马话题。

不过要发现这样的话题,就需要纯手工操作了:

（1）分组归类　首先要确定观察的维度。同样的内容，我们可以有多个观察的维度。比如，文章风格（文艺风、小清新风、严肃风、幽默风等）、文章类型（干货型、情绪型、故事型、鸡汤型等）、文章主题……

每一个维度都可以作为归类分组的依据。至于你要选择哪一个维度去归类分组，完全取决于你的目的。

比如，目的是生产育儿类爆款，那么归类的依据就可以是"早教""儿童智力开发""孩子拖延症"等与育儿相关的垂直细分主题词。这样分组、对比、分析之后，就能非常清晰地知道到底哪类细分主题更有市场。这就需要进行下一步分析，才能确定真实结论。

（2）寻找黑马　文章内容归类汇总到一起之后，把它们的各项数据指标，比如阅读量、转发量、收藏量、转化率等指标拿来对比分析。

在对比分析的过程中，你一定会发现一些"异常"指标。比如，某些主题的干货文，转化率会远高于平均水平，某些话题的文章转发量会远高于平均水平，某些风格文章的评论点赞数会远高于平均水平……那么，此类文章就可以作为黑马备份。

（3）测试验证　这些备份的黑马指标，是不是就真的是黑马呢？这还要通过测试来确定。所谓测试，就是对比类似的文章要素，重新创作多篇，倘若相关指标仍然高于平均指标，那么就可以作为长期运营参考的高价值指标了。

3. 平台机制分析

另一种情况是平台机制的天然缺陷造成的运营问题，平台机制导致运营异常有以下两种原因。

（1）第一种原因，自己对平台机制不熟悉，或者熟悉，但是没好好遵守。这种情况，解决起来就很简单了。对各大主流新媒体平台传播机制的优缺点应该提前研究透彻，并遵守。

（2）第二种原因，平台机制存在天然缺陷。比如，在今日头条上获得的粉丝，黏性低，很难变现。对于这种情况，可以采取跨平台结合运营的方式，以帮助我们大限度地实现传播效果。

这里我们着重分析微信公众号和今日头条的传播机制的区别，以及我们可以如何更好地利用它们。

（1）公众号的传播机制　微信公众号的内容阅读来源有 3 个：订阅微信公众号的原始用户、原始社交圈（朋友圈、微信群等）、朋友圈的再次分享。其传播路径如图 6-2-17 所示。

从图 6-2-17 的传播路径可以看出，这种传播方式并不是线性的，而是病毒式的。一旦内容足够优质，它就会被用户自发地分享到社交圈中，形成裂变式的传播。一旦原始的裂变基数够大，就很容易产生刷屏效应。这是这个平台传播机制上的优越性。

同时，这个平台上的每一个公众号都是一个中心，粉丝与号主之间的互动感、归属感、信任感都很强，更像是基于熟人的社交互动，最有利于号主打造个人 IP。一旦 IP 打造成功，变现就会变得很容易。

而且，这个平台对市面上的变现渠道具有包容性。因为这些特点，就给人一种感觉：公众号的粉丝是真正属于自己的粉丝。以至于，几乎所有的新媒体人都会把公众号作为自己

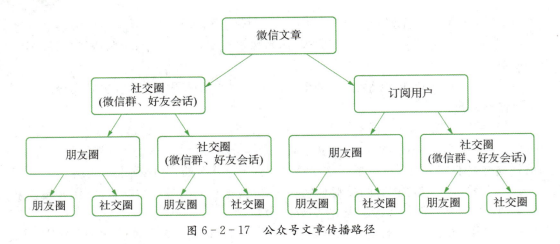

图 6-2-17 公众号文章传播路径

最核心的根据地。但是缺点也很明显,这完全是一个闭合的社交圈,它能不能被传播出去,前期取决于订阅号本身的用户数。

倘若原始用户很少,就没有原始的裂变基数,即便内容再优质也可能石沉大海。所以,要让内容在这个平台上形成良好的传播效应,必须满足2个条件:一是有一批原始粉丝;二是内容足够优质。

（2）今日头条传播机制　今日头条与公众号不同,它是一个开放的内容平台,最大的特点就是内容由算法推荐。经过系统大数据计算,只推荐给对此内容感兴趣的人。其中推荐量是由内容质量决定的。平台会先把内容推给最感兴趣的一小批用户,然后根据这批用户的反馈信息来决定下一批的推荐量,如图6-2-18所示。

图 6-2-18 今日头条的传播路径

反馈信息包括点击率、收藏数、评论数、转发数、读完率、页面停留时间等,其中,点击率的权重最高。

首轮推荐后,如果点击率低,系统就认为文章不适合推荐给更多的用户,会减少二次推荐量;如果点击率高,系统则认为文章很受用户欢迎,将进一步增加推荐量。以此类推,文章新一次的推荐量都以上一次推荐的点击率为依据。

另外,如果文章过了时效期后,推荐量将明显衰减,时效期节点通常为24小时、72小时和1周。

在这样的传播机制下,想要自己的文章得到最大限度的推荐传播,提升点击率是关键。点击率的高低又取决于标题,即标题越能吸引人,就越容易引发用户点击,就越容易获得平

单元六 数据分析

台的首批推荐。

所以,在今日头条发布文章,好的标题等于成功了一半。标题没有取好,这篇文章基本上就废了(修改标题再发布,平台几乎不再给推荐,除非连内容一起改动,让平台判定为新文章)。

这种推荐机制导致今日头条爆款文的标题多为"惊悚""夸张"的风格。这就是这种传播机制下的必然产物。比如:"直击 108 年前慈禧葬礼现场:场面风光诡异,棺材离奇见血好吓人""实拍世界最难挖的古墓:40 万大军无能为力,盗墓者当场吐血身亡"。

这种传播机制的优点:内容的阅读量跟粉丝基数几乎没有关联。因此,不用担心前期没有粉丝的问题。只要内容好(符合平台定义下的好),哪怕是零粉丝,也完全有可能第一篇文章就爆。

这种传播机制的缺点:粉丝跟你是一种弱连接的状态,对阅读量没有贡献,变现也没有多大的价值。也就是说,要想提升阅读量或者变现都只能依附于平台。这意味着,无论在平台深耕多久,粉丝积累对内容传播、IP 打造没有多大的帮助。

了解了这 2 个平台的优缺点,就可以把 2 个平台的优点结合起来。这样就可以对每个平台的天然缺陷做一些互补。

如果在公众号上的粉丝量少,那么前期可以借助今日头条的推荐机制,从今日头条导流到公众号,以积累公众号的原始粉丝。这样,今日头条粉丝变现难的问题通过微信公众号的 IP 运营弥补了,这就形成了很好的互补。

第三步:竞品分析

假设你即将要运营一个新媒体账号,如何判断自己应该选择哪种内容调性才容易涨粉?如何做账号的基础设置(如菜单设置、文章排版风格、后台自动回复互动等),才显得专业?采用怎样的变现方式最靠谱?……这些问题,仅仅靠对自身账号的数据分析是很难得出结论的。只有通过竞品分析,从同行那里取经才能解决问题。

在具体操作层面,可以从 3 个方面入手:选题分析、内容调性分析、基础设置分析,如图 6-2-19 所示。

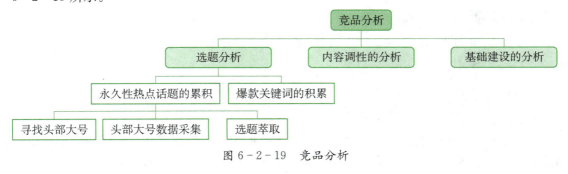

图 6-2-19 竞品分析

1. 选题分析

做头部大号的选题分析,主要价值有 2 个:方便累积永久性热点话题;方便提炼爆款关键词,用于取爆款标题。

(1)永久性热点话题的累积　热点话题分为永久性热点话题和即时性热点话题。所谓永久性热点话题就是人们对这个话题的关注度不会随着时间的推移而减退。比如,在情感类账号中,婚姻爱情就是一个永恒的热门话题。

另一类是即时性热点话题,就是在某个特殊时间节点上,大家会集中关注的话题。比如,某某明星劈腿、出轨、离婚,一下子就上了热搜;或者情人节、国庆节这种重大节日等,都属于即时性热点。

对于即时性热点话题,最关键的是抢占先机。所以,通过微博热搜、知乎热搜等各大热搜榜去寻找最好。很多新媒体运营者,包括头部大号的运营小编,他们也是在这些地方寻找即时性热点话题。

1)寻找头部大号　首先要借助大数据平台找出自己所在领域的头部大号。常见的几个新媒体大数据平台:新榜、爱微帮、西瓜数据、微小宝。

它们都有公众号的排行榜。只是每个平台采集的数据及分类略有不同,所以结果也略有不同,但有一些结果是相同的。比如,拿文化领域的账号来说,这几个平台的排行结果虽然不完全相同,但是前几名都有十点读书、洞察这2个大号。假如你所在的是文化领域,就可以把这2个号作为重点分析的对象。

为了更准确地找到所在领域的头部大号,你可以同时在这几家大数据平台上看一下榜单。然后,选择重复频次最高的账号来进行研究。

新榜文化领域的公众号排行如图6-2-20所示。

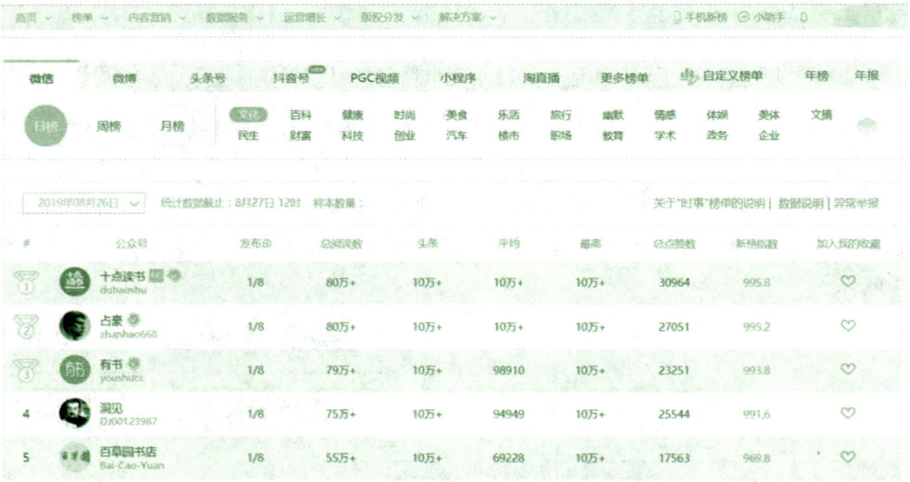

图6-2-20　新榜文化领域的公众号排行

爱微帮文化领域的公众号排行如图6-2-21所示。西瓜数据文化领域的公众号排行如图6-2-22所示。微小宝情感领域相当于其他几个平台的文化领域,其公众号排行如图6-2-23所示。

2)头部大号数据采集　这里,我们就以十点读书为例来分析免费获得头部大号全方位内容数据的方法。首先要采集十点读书的文章数据,即十点读书所有文章的阅读量、在看数、

单元六 数据分析

图 6-2-21 爱微帮文化领域的公众号排行

图 6-2-22 西瓜数据文化领域的公众号排行

图 6-2-23 微小宝情感领域公众号排行

传播热度等指标。上面提到的平台大都有这些数据的采集功能。不过,要完整采集都需要成为其会员。

这里推荐使用微小宝。这个平台稍微友好一些。只要下载一个微小宝的 App,通过 App 注册登录,就可以免费获得一个公众号内几百篇文章的数据,包括阅读量、在看数、传播指数等。注意,实践证明,只有通过 App 登录,才能获得几百篇的数据。

官方网页版的免费数据没那么多。我们做选题统计分析的话,有几百篇足够了,用不着大而全,所以免费使用微小宝 App 的统计就足够了。

具体操作步骤如下:

a. 进入微小宝官网→运营工具→PC 客户端→安装→注册→登录,如图 6-2-24 所示。

图 6-2-24 微小宝官网

b. 关注的公众号→添加关注→搜索十点读书,如图 6-2-25 所示。

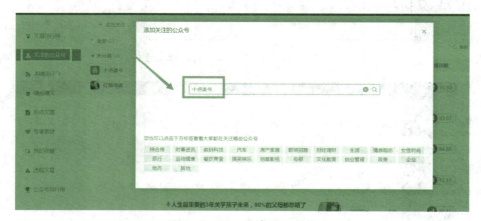

图 6-2-25 搜索十点读书

c. 搜索结果如下,找到十点读书,点击关注,如图 6-2-26 所示。

d. 回到"关注的公众号"界面,选择十点读书,右边就出现了十点读书的文章排行榜,如

单元六　数据分析

图 6-2-26　关注公众号

图 6-2-27 所示。

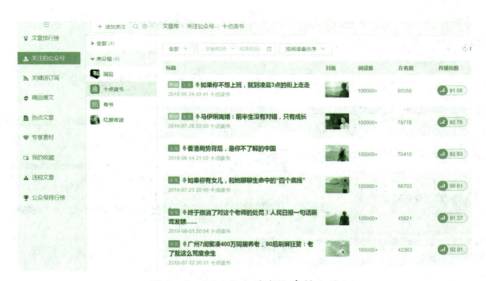

图 6-2-27　十点读书文章排行榜

想要知道十点读书账号内阅读量最高、在看数最高、传播指数最高的文章，只需要选择对应的指标排序，便一目了然。

其中，最有参考价值的就是阅读量的排行榜。可以选择前 50 名或者前 100 名的文章进行分析。先把属于即时性话题的文章剔除，然后对剩下的文章进行主题分析、提炼，使之成为自己的选题素材。

3）选题萃取　迅速写出一个热门经典原创选题的两种方法。

a. 解构选题。做选题其实是有门道的。要摸到这个门道，首先就是要学会解构选题。一个主题信息由 2 个部分组成：观点/事实＋表达方式。因此，一个主题信息块能够对人造成冲击，通常分为 3 种情况。①第一种是观点本身的新意有冲击力。②第二种是观点正常，但是表达方式有冲击力。③第三种就是两者兼有。

而怎样的表达方式会对人造成冲击呢？

常见的有四大类：勾起一个痛苦，给予一种高期待，颠覆一种认知，留下一种悬念。

一个精彩的选题，要么是它表达的事实、观点本身很雷人，要么在表达方式上包含以上一种或者多种冲击要素，所以才会给人眼前一亮的感觉。

b. 还原再创造。所谓还原再创造就是把它们按照第一步解构中提到的关键要素去扩写成一个完整的话题，这就是自己的选题了。

如何利用头部大号暗藏的爆款词，稳定、持续地取出有杀伤力的标题？这里所谓的爆款词是指那种让人一看到这个词，魂就会被勾走的词，比如，"揭秘""惊人""内幕"等。取标题时，适当搭配这类爆款词就可以大概率地取出爆款标题。这类爆款词有的被列为广告禁词，若不加选择地使用，是有一定风险的。但是，选择大号来提取这类爆款词，他们用什么，你用什么，就不存在什么风险了。因为，他们已经帮你筛选测试过了。这也算是研究竞品的一大好处。

还是拿十点读书这个账号来说。第一页排行榜上面的标题，一眼看上去，哪些词对你最有视觉冲击力？具体如图 6-2-28～图 6-2-30 所示。

图 6-2-28　今日头条标题（一）

图 6-2-29　今日头条标题（二）

单元六 数据分析

图 6-2-30 今日头条标题（三）

"背后""处罚""刷屏""狂赞""好狠""刷爆""逼疯""真相""触目惊心""暴露"这10个词都是"勾魂"的词。

平时，看着这些题目，你觉得很吸引人，忍不住想点。但是，并不知道自己为什么想点，多是看完就过了，没去在意其中的玄机。这里只是做了排行前20名的统计，就发现其中竟然藏着10个"勾魂炸弹"。

难怪你会莫名其妙地被吸引。当你取标题时，除了运用前面提到的几种有冲击力的表达方式之外，再配合这些关键词又会产生什么效果呢？我们还是举例说明。

比如，前面我们改编的几个亲子选题：

原句：

废掉一个孩子，只需要你让他远离这3种苦；

没承受过这3种苦的孩子，最戳父母心。

改编后：

配上"处罚"这个爆款词：对孩子最残酷的处罚就是不让他吃这3种苦！

配上"最狠"这个爆款词：没承受过这3种苦的孩子，父母的心被戳得最狠！

配上"逼疯"这个爆款词：没承受过这3种苦的孩子，将逼疯父母！

加上这些爆款词后，标题的"杀伤力"又增了一层，这就是善用爆款词所产生的威力。

这种爆款词就是在做选题分析时提炼累积的。爆款词累积越多，配合选题使用越灵活，取的标题就会越有杀伤力。

（2）内容调性的分析　如何从竞品账号的内容调性中提取出有利于自己涨粉的调性？

这时，所谓的爆款套路模板就派上用场了。首先，把他人的爆款文总结成套路模板。其次，在模板的指导下，尽可能模仿其风格去写自己的文章。

发布之后，再复盘总结，改善。

（3）基础建设的分析　公众号的基础建设目标归纳起来就是3个：突显专业、格调，提供价值黏性，提供转化入口。

6-25

新媒体 运营实战技能

　　在专业、格调这个层面，主要分析图文封面、文章排版、头像设计、文尾设计等。整体的颜色基调是什么？色彩搭配是什么？设计风格是什么？字体排版的大小、行距、段距如何？

　　在提供价值黏性这个层面，主要分析公众号简介怎样设置有吸引力；在自动回复、菜单栏设置中，有哪些点打动了你；你为什么会被它们打动；它们解决了你什么问题；触碰了你哪种情绪；给你带来了哪些价值。

　　比如，十点读书从关注自动回复开始，就通过免费赠送高价值的学习资源的方式暗示读者，这个号是一个高价值的号，如图6-2-31所示。

　　当进入菜单栏，会再次看到"免费听书"这一栏，其中有海量的学习资源（图6-2-32）。一般到这里，读者即便还没有深入了解这个号，但是冲着他整理的这些资源，也不会轻易取关了。这就首先把用户留住了。

图6-2-31　十点读书提供价值黏性

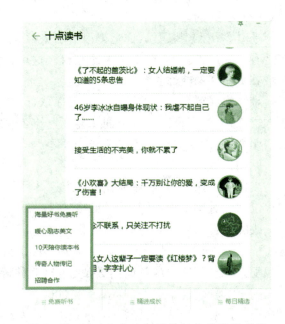

图6-2-32　十点读书菜单栏免费资源赠送

　　在转化入口的设置上，重点分析它的广告有何亮点，采用的是怎样的变现渠道，便捷性如何，产品形态如何。

　　比如，分析十点读书的产品形态，就会发现除了正式售卖的产品之外，还有一个引流产品"1元坐拥私人图书馆"，如图6-2-33所示。

　　这个1元引流产品的设计流程可以作为提升产品转化率的一个重点参考、模仿的对象。

一个账号分析完了,再分析另外一个。分析了多家竞品账号,那么自己账号的基础建设,也就有数了。

第四步:行业数据分析

做新媒体运营,分析了自己,分析了对手,基本的运营工作算是到位了。但是还没有结束,这仅仅是开始,后面其实还有很多问题等着我们。

当前已经摸索成熟的这套运营模式,后面会遇到什么风险?遭遇怎样的瓶颈?能走多远、多久?乃至所在的新媒体平台能带你走多远、多久?这些其实都是大问题。

在 2005 年以前还是传统媒体时代。之后,这个行业就再也不安宁了,开启了快速变脸时代。

图 6-2-33 引流产品

2006 年,博客诞生了,新媒体萌芽。

3 年过后的 2009 年,微博诞生,同一时期,智能手机火爆上市。一时间,段子手、图片微博、视频博主红人诞生了,他们拥有几百万上千万的粉丝,个人影响力超过很多传媒机构。

2012 年,微信及微信公众号问世,正式改写传统媒体格局,进入新媒体时代。

2015 年,直播火爆。

2016 年,各大互联网巨头纷纷创立自己的新媒体平台,抢占新媒体山头,如今日头条、百度百家、腾讯企鹅号、大鱼号等。

2018 年,以抖音为代表的短视频又成了媒体行业标志性的变脸事件。

2019 年,5G 概念的媒体新形态探究成了媒体行业的热门话题。

……

也就是说,自从互联网媒体工具出现之后,媒体行业就进入了快节奏、高频率更新迭代的时代。

这意味着,我们做新媒体运营所借助的媒体工具、平台以及所采用的运营模式,将会什么时候遇到瓶颈、失灵乃至消亡都是未知数。

如何应对这种巨大的不确定性呢?唯一的办法就是与时俱进,走在时代前沿,站在媒体行业高度去保持自己对媒体前沿信息的嗅觉灵敏度。

新媒体行业最新趋势如何?对自己的账号将有怎样的影响?最新的新媒体黑马科技是什么?它是有可能助力自己运营得更好,还是有可能颠覆自己当前所在的媒体格局?……

对上面这些问题的答案,如果能始终做到心中有数,就能保持自己对媒体行业信息的灵敏度。这就需要我们对最新的行业数据随时保持一种学习分析和深度研究的心态。

只不过，到这个层次的分析，不需要我们自己再去从零采集数据了。关于行业数据的分析，各大新媒体平台、业内专家都早已有研究分析。每一年，都会出很多系统、专业、深度的行业数据报告。

我们要做的就是带着行业格局的意识，用好相关的大数据平台工具。比如，新榜这个平台，你进入首页一报告栏目，就能看到很多媒体行业趋势、最新内容产业的研究报告，如图6-2-34所示。

图6-2-34 新榜报告分析

这样的行业研究平台还有很多，比如艾瑞咨询、易观等。实在不行，百度一下基本也能解决问题，在此不再赘述。

前面几项数据分析都是基于既定的账号定位而进行的，而这些分析报告是基于行业格局而进行的，在一些关键节点上，对我们的账号具有导向性的影响。所以，要想成为一名名副其实的新媒体运营高手，这些行业大格局上的数据分析报告就不可忽略。

很多人觉得新媒体数据分析就是拿着自己账号后台的数据分析一通就完事了。这只是一个点的分析，太过狭隘。一个新媒体账号，放到行业，乃至所有行业，只是一粒微尘。它的命运沉浮在很大程度上取决于趋势，受制于环境。在这种情况下，仅仅凭一个点的分析，又怎么可能达到那种能够把"一副烂牌打成好牌"的高手境界？

所以，在真正的新媒体数据分析高手心中，细到极致的同时，也一定要心存宏大的叙事背景。

单元六　数据分析

任务评价

评价项目	自我评价(25 分)		小组互评(25)		教师评价(25)		企业评价(25)	
	分值	评分	分值	评分	分值	评分	分值	评分
选题分析	5		5		5		5	
内容运营分析	5		5		5		5	
竞品分析	5		5		5		5	
行业分析	5		5		5		5	
任务完成度	5		5		5		5	

能力拓展

（1）通过微小宝分析大号，整理自己的竞品数据库。
（2）持续分析自己的公众号、知乎、今日头条的数据。

6-29

单元七

社群运营

单元介绍

本单元主要介绍社群的概念，如何进行社群营销，如何策划一个完整的社群，社群的底层运营逻辑是什么，以及如何策划并开展社群活动。

最近"私域流量"这一概念特别火，大家可能好奇，这个和运营有什么关系？在互联网这个环境内，私域的定义是品牌或个人自主拥有的、可以自由控制的、免费的、可多次利用的流量。私域通常的呈现形式是个人微信号、微信群、小程序或自主App。通俗地说，就是品牌自己手里的流量，那么在微信这个生态环境内，微信群和个人号是2个最重要的私域。所以，未来对于社群的运营至关重要，因为这些都是掌握在自己手里的流量，其实就是流量池的概念。

新媒体运营实战技能

任务一　社群规则设定

学习目标

1. 了解社群和社群营销的概念。
2. 掌握创建完整的社群的方法。

学习任务

本任务通过学习对社群、社群经济、社群营销的认识，能够策划一个完整的社群营销。

任务分析

一个社群可以容纳 500 个人，个人微信号可以容纳 5 000 个人，有些顶尖的微商网红通过社群和朋友圈卖货，流水已经过千万了，所以社群运营特别重要。但是为什么有些社群运营并不是很好呢？首先，什么是社群？大家可能遇到过这种情况，有时候你也不知道为什么就被拉进了一个群，其实这只是一个微信群，并不是社群。通俗地说，社群的本质是聚集一群人，一起做一件事。社群是有指向性的，社群里的成员都有共同的需求。

任务准备

移动端信息设备和新媒体应用 App 软件（微信、微博、豆瓣等）。

任务实施

第一步：认识社群及社群营销

1. 什么是社群

社群就是一群人聚集在一起，他们因为有共同的社交属性（如相同的兴趣爱好、价值观等）而聚集在一起，成为一个群体。

如今的社群更多是指互联网形态的社群，是一群被商业产品满足需求的用户，因为相同的兴趣和价值观而聚集在一起的固定群组。它的特质是去中心化、去兴趣化，并且具有中心固定、边缘分散的特性。社群在功能上突出互动交流、分工协作和兴趣接近，强调群体与个体之间的相互关系。社群成员之间有一致的行为准则和规范，并且通过持续互动，凝聚成较强的社群情感，是一种突破时间、空间，强调实时性、社交性的关系群体。

2. 社群经济

社群经济是指在互联网时代，一群有相同兴趣、认知、价值观的用户抱成团，发生群聚效应，在一起交流、互动、协作、感染，对品牌产生反哺的价值关系。

这种建立在产品与用户群体之间的情感信任和价值反哺的共同作用，形成自运转、自循

7-2

环的经济系统。产品与消费者之间不再是单纯功能上的对接,消费者开始对依附在产品功能上的口碑、文化、魅力、人格等灵魂性的产物产生无缝信任。

3. 社群营销

社群营销的核心就是企业与用户建立起"朋友"感情,不是为了广告而广告,而是以朋友的方式去建立情感链接。概括来说,社群营销就是利用某种载体来聚拢人气,通过产品和服务来满足具有相同兴趣爱好群体的需求而产生的商业形态。载体就是各种平台,如微信、微博、豆瓣,甚至线下的社区都是社群营销的载体。

第二步:策划一个完整的社群

一、设置社群名称

名称是最为重要的符号,是所有品牌的第一标签、第一印象,所以营销人员要特别重视。

1. 命名的 3 种方法

第一种方法是从现成的核心源头延伸出来社群名称,这种名称的特点是与核心源头息息相关,不能看出特别具体的信息。

第二种方法是从目标用户着手,想吸引什么样的客户群体,就垂直地取与这个群体相关的名字,一般从名称上就能看出是做什么的。

第三种方法是以上两种方法的结合体,如"吴晓波书友会"。

2. 命名的注意事项

好名字应该容易记住和传播,可以让目标客户群快速找到。除非特殊原因,否则忌用宽泛、生疏及冷僻词汇等。

二、确定社群口号

(1)功能型　阐述自己的各种特点或做法,用最具体、直白的信息让所有人一眼看到就知道你是做什么的。

(2)利益型　阐述该功能或者特点能够带给用户的直接利益,能够为完成某个目标做出的贡献。

(3)三观型　阐述追求该利益背后的态度、情怀、情感,该利益升华后的世界观、价值观、人生观。

三、设计社群视觉

社群要想突显仪式感、统一感,视觉是最基本的表现手法。

营销者要围绕社群的名称与口号进行视觉设计,如头像、背景、卡片、旗帜、胸牌等,无论是线上传播还是线下活动,视觉都是最基本的认知,所以营销者必须精心构思。这一切视觉设计的核心就是社群标识。

四、明确社群结构

社群中的成员必须有不同的特质,因为不同特质的人在一起才能创造各种趣味和可能,让群丰富起来。一个运作完善的社群中一般有以下多元化的角色。

1. 创建者

社群的创建者一般具有的特质包括人格魅力、在某领域的信服力、号召力。除此之外,

新媒体运营实战技能

他还要具备一定的威信,能够吸引一批人加入社群,还能对社群的定位、壮大、持续、未来成长等有长远且正确的考虑。

2. 管理者

社群的管理者须具备良好的自我管理能力,以身作则,率先遵守群规;有责任心和耐心,恪守群管职责;团结友爱,决策果断,顾全大局,遇事从容淡定;赏罚分明,能够针对成员的行为进行评估,并运用平台工具实施不同的奖惩。

3. 参与者

不强求社群的参与者步调一致,其风格可以多元化,多元连接才能激发社群整体的活跃度,进而提升参与度。一个生命力持久的社群需要每一位成员的深度参与。

4. 开拓者

开拓者要能够深挖社群的潜在能量,在不同的社交平台对社群进行宣传与扩散,尤其要能在加入不同的社群后促成各种协作。因此,社群开拓者必须具备连接资源的特质。

5. 分化者

分化者的学习能力都特别强,他们能够深刻理解社群文化,参与社群的构建,熟悉所有的细节。分化者是未来大规模社群复制的种子用户,是社群向外扩张的基础。

6. 合作者

社群建设的最佳方式是能够扩展一定的合作者,用于资源互换,与其他社群互相分享,共同提升影响力,或者通过跨界合作产生互利。在这一过程中,要求社群的合作者认同社群共同的理念,同时具备与之比较匹配的资源。

7. 付费者

社群的运营是需要付出成本的,不论是时间还是物料,都可以看作成本的消耗,因此社群的长久运营离不开付费者的支持。付费的形式可能是购买相关产品或者社群协作的产出、基于某种原因的赞助等。

五、制定社群规则

运营好社群要制定一个符合社群定位的运营规则,规则可以先从一个社群起步,模式验证后,进行大规模复制。社群规则不仅仅规定在这个社群能做什么、不能做什么,更规定这个群的文化内核是什么。

1. 引入规则

发现并号召那些兴趣相同的人抱团形成金字塔或者环形结构,成为社群,特别是种子会员,他们会对以后的社群产生巨大的影响。所有的人都是一个圈子,要么这个圈子中有一个人能够起带头作用;要么大家各有所长,可以互补。社群一定要设置门槛,让加入者由于"付出感"而格外珍惜这个社群。

那么引入规则的门槛有哪几类呢?

(1)邀请制　小圈子式的社群引入一般选用邀请制。

(2)任务制　通过任务制方式加入社群的成员虽然不用付费,但是得有一定的付出,一般是完成某一种"任务"后方可加入。

(3)付费制　最常见的模式是付费买产品后才能加入这个社群。

（4）申请制　申请制是指不主动邀请，也不用付费买产品或买会员，但是要想成为社群成员，必须经过申请，通过群主或群管理者的审核才能加入社群。

（5）举荐制　要经过群内人的推荐才可以加入，如要加入"知识型IP训练营"，必须有一名老营员推荐，而且每一名老营员都有一定的名额限制。

2. 入群规则

一般来说，正规的社群，成员入群后会收到一系列规则、规范，让新入群的成员获得入群仪式感。

（1）群的系列命名和视觉统一　常见的模式有：群名统一命名，群资料、群公告统一告知，成员名统一命名。

（2）用好群公告，告知入群须知　好的社群运营要让每一位入群的成员明白这个社群是做什么的，要反复提醒让其深深刻在成员的脑子里。

一般群公告的设置角度可以明确"3个行为"：鼓励行为，如发表原创分享、入群的自我介绍、成长感悟等；不提倡行为，如询问小白问题、发鸡汤链接等；禁止行为，如发广告、拉投票、言语不文明、无休止争论、破坏群内和谐气氛等。

3. 交流规则

交流规则一般是与社群自身的定位严格挂钩的，最简单的办法就是小范围尝试后，将出现的常见问题罗列出来，然后一一对应起来设置群规。

例如，入群要设置统一格式的群昵称，方便区分各成员；每周五开放分享时可发言，杜绝平时的聊天灌水现象；未经群管理员许可，禁止发布任何广告；在讨论问题的过程中，有不同的观点可以争论，但不得对其他成员进行人身攻击或是恶意捣乱；一次发言不得少于10个字。

设立这样的交流规则是为了提高群员的发言质量。

入群做自我介绍是最简单的相互了解的方法，可以让群里的各位成员以最快的速度熟悉起来。

4. 分享规则

群内的分享或讨论有助于提升社群的质量，常见的分享规则有以下几种模式。

（1）领袖主导制　很多社群，大家之所以加入就是冲着主要运营者的威望和社群内的干货而来的。这种分享机制一般对于核心人物要求很高，需要有极高的威望，还要有源源不断的分享主题和机动时间。

（2）嘉宾空降制　邀请社群外的专家或大咖，每次分享人不确定。这种机制，要求要么有足够的人脉关系请来各路嘉宾捧场，要么社群有足够的能量吸引嘉宾来做分享。

（3）轮换上台制　如果社群成员本身质量都很高，那么内部的分享量就足够了，这是最佳的状态。

（4）经验总结制　这种形式比较适合企业的内部社群。

任务评价

根据所学知识，回答下列问题。

新媒体运营实战技能

（1）什么是社群？

（2）如何策划一个完整的社群？

（3）如何制定一个社群的规则？

能力拓展

根据所学知识，完成以下任务。撰写社群宣传海报文案。社群宣传文案的目的是招募到有相同需求的用户，那么就要让用户知道社群能够给他们带来什么利益、社群需要招募什么样的用户、用户应该如何进群等。

实操要求如下：

（1）大家可结合上个实操的群利益、群介绍以及群门槛等要素进行文案撰写。

（2）此练习需以海报形式提交。

▶ 任务二   社群活动策划

学习目标

1. 理解社群的底层逻辑。
2. 能够策划一场社群活动。

学习任务

本任务从用户有什么痛点、为什么要解决痛点以及该如何解决痛点这 3 个方面来理解社群的底层逻辑，并策划、开展一场社群活动。

任务分析

如何开展一场社群活动？策划一场完整的社群活动应该从以下 5 个方面去考虑：分享社群，社群交流，社群福利，社群打开，社群的线下活动。

任务准备

移动端信息设备和新媒体应用 App 软件（微信、微博、豆瓣等）。

任务实施

第一步：付费社群的底层逻辑

一、社群的底层逻辑

我见过很多同学，在刚开始运营社群时，都以为可以"一声令下，百群呼应"，然而最终的结果是连 3 个星期都没到就潦草收场。

单元七 社群运营

为什么大多数社群,最后都死了?因为群主不懂社群的底层逻辑。用一句话来概括社群的底层逻辑其实就是:社群盈利大于社群成本。社群可能是成本最高的服务用户的方式了。一个社群能否运转良好,这依托于创始人与运营人员夜以继日的付出。所以,社群想要可持续发展,成本是最大且必须迈过去的坎儿。而克服成本困难唯一的方式便是盈利。如何盈利?

以用户思维从以下3个方面入手。

1. what:用户有什么痛点待解决

在这个方面,需要你想通:社群能解决用户哪些痛点?哪些痛点可作为收费点?收取的费用除去各项成本与开支外,剩下的盈利是否足够开展新一期社群?对于大多数人来说,通过运营社群来变现,前期只能从副业做起。如果走出了自己的路,想把副业发展成主业,社群的盈利能力是重要的一关,这决定了你能否做得长久,并以此为主业。

2. why:用户为什么要付费解决该痛点

当用户靠自己解决这件事,付出的时间、精力、金钱成本比较大时,用户会考虑付费找专家解决。比如婚礼策划,用户要自己一手操办也可以,那就得牺牲二人世界的时间,同时得与不少人交涉,花费大量精力。而请婚庆公司只需要花钱,服务又快又到位。如果是你,你选择怎么做?所以,当解决用户的痛点需要不低的门槛时,这就是用户的付费点,也是你的社群切入点。

3. how:用户痛点以怎样的方式解决

是一次购买终身不再,还是需要保持一定频率的服务复购。相比前者,明显是后者更具变现的潜力,在付出同等时间精力的情况下,后者的回报将会越来越多。但随着不断付出时间精力耕耘,你的年龄也在不断增大,意味着时间精力成本会越来越大,因为能工作的时间减少了。所以,只能选择有变现潜力的后者,让社群的盈利与我们付出的成本保持一个健康的比例。社群可持续发展的前提是创始人的前途得先可持续发展。

总的来说,有足够利润,有一定门槛,有机会复购,让社群盈利大于运营成本,是社群持续运营下去的关键。

二、非付费社群的3种运营逻辑

1. 获取用户

这类社群的目的很简单粗暴:拉人。通过某种方式,让老用户拉新用户,再让新用户拉新新用户,达到用户量裂变式增长的效果。

2. 转化用户

这类运营方式通常是指把公域流量池或私域流量池的用户吸引到社群中。然后通过精细化的社群运营来提高在用户眼中的专业感,以及用户对你的信任感。最终愿意购买使用你的产品或服务。

比如,长投学堂通过9元的理财小白训练营,吸引了大量用户参加,再通过优秀的社群运营方式,把用户转化到高阶的千元理财训练营中,最终快速做成了理财类的爆款社群,如图7-2-1所示。

新媒体运营实战技能

图 7-2-1 长投学堂

3. 留存用户

各大平台的流量,称为公域流量,把它引至公众号就是留存用户的一种方法,目的是保留与用户的互动机会。把公众号里的用户引至个人微信号,然后把用户拉群就是更深一层的用户留存方式:一方面,这样留存下来的用户,都有需求但处于观望期;另一方面,你能与用户进行更短距离、更快回复、更多维度的交流。但需要注意的是,留存用户有一个前提,就是你的价值核心。

第二步:策划社群活动

一、社群分享

1. 提前准备

专业知识或经验分享模式要邀请分享者,并要求分享者根据话题准备素材。话题分享模式要准备话题,并就话题是否会引发大家的讨论进行小范围的评估,也可以让大家提交不同的话题,由话题主持人选择,如图 7-2-2 所示。

2. 反复通知

如果确定了分享的时间,就应该提前在群里多发布几次消息,提醒群成员按时参加,否则很多人会因为工作而选择屏蔽消息,错过活动。如果分享的内容特别重要,甚至可以采取群发或一一通知的手段。

3. 强调规则

如果在群分享前,群内有新成员进入,由于他们不清楚分享的规则,往往会在不合适的时机插话,影响嘉宾的分享,因此在每次分享开场前都需要强调规则。

如果是 QQ 群,可以在分享规则时临时禁言,避免规则提示被很快刷掉。小助手们要做好分工,分配好各自的任务,各司其职,如图 7-2-3 所示。

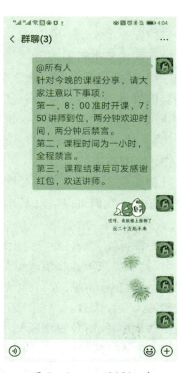

图 7-2-2　话题分享模式　　　　　　　图 7-2-3　强调规则

4. 提前暖场

在正式分享前,应该提前打开群禁言,或者主动在微信群内说一些轻松的话题,引导大家上线,营造交流的氛围。一般一个群上线的人越多,消息滚动得就越快。

5. 介绍嘉宾

在分享者出场前,社群内须有一位主持人做引导,介绍分享者的专长或资历,让群成员进入正式倾听的状态。

6. 诱导互动

不管是哪种分享模式,都有可能出现冷场的情况,因此分享者或话题主持人要提前设置互动诱导点,而且要有耐心等待别人敲字;很多人是手机在线,打字不会太快。如果发现缺乏互动,需要提前安排几个人热场,很多时候需要有人开场带动气氛。

7. 随时控场

若是在分享的过程中有人干扰,或者提出与分享主题无关的内容,这个时候需要主持人私聊提醒,引导这些人服从分享秩序。

8. 收尾总结

分享结束后,要引导群成员就分享做一个总结,甚至鼓励他们去微博、微信朋友圈分享自己的心得体会。这种分享是互联网社群运营的关键,也是口碑扩散的关键。

9. 提供福利

分享结束后,可以给总结出彩的朋友、用心参与的朋友提供福利,以吸引大家参与下一次分享。

10. 打造品牌

分享的内容进行整理后,可以通过微博、微信公众号等新媒体平台发布、传播。很多社群做在线分享,但是没有打造分享的品牌,这些活动就没有形成势能,也没有考虑把品牌活动的势能聚合到可以分享的平台上,这就造成了口碑的流失,导致社群品牌积累的流失。

这部分的目的是让你有一些标准参照物,让你在设计自己的会员制社群时不至于两眼一抹黑。

二、社群交流

社群交流的形式是主持人找一个话题,让每一位成员都参与进来,通过相互讨论获得高质量的输出。我们可以从以下 3 个阶段准备一次群讨论。

1. 讨论准备时

(1) 参与者　一旦参与讨论的群有多个,就需要建立内部管理组,小组内有重要信息要及时沟通、做出决策。小组成员最重要的角色有 3 个:①组织者,一般来说,谁有好的话题和想法,谁就担任本期的群讨论组织者;②配合人,新人进行主持的过程中,需要一个比较有经验的人全程配合,一旦出现意外情况,可以及时帮忙;③小助手,协助组织者和配合人处理一些琐事,同时负责活跃气氛,带动整个社群的讨论。

(2) 话题　每一场讨论的流程都可以固定,但最难的往往是话题的确定,一个好话题基本上决定了这场讨论能否活跃。确定好话题之后,接下来就是在社群中进行预告,并提前调研群成员关注的问题,写好互动稿。

(3) 讨论时间　在写好预告之后,接着就是发布预告,告诉社群成员在什么时间点来参加讨论。一般需要进行 3 次时间预告:①前一天晚上的 9:00—11:00;②第二天中午的 12:00—13:00;③讨论开始前的 1 个小时。确定好了讨论的时间,组织者就需要提前安排好时间,避免因为有别的事而无法组织互动问答。

2. 讨论进行中

如果已经做了充分的准备,那么接下来的整场讨论就可以按照互动稿上的内容进行,不过需要根据情况适当变动。

社群的交流流程一般为:开场白→抛出问题→提出自己的见解→诱导互动→总结结尾→发送福利→为下一次讨论制造悬念。

如果发现群讨论缺乏互动,就需要赶紧安排几个人热场。很多时候需要有人在开场时带动一下气氛。可以将较好的发言分享到其他群,供其他人学习。

3. 讨论结束后

(1) 对本次分享的学生发言进行汇总　汇总完成后,可以修改一下汇总文档的标题。确认无误后,再上传到群共享,同时在群里发布通知,告诉群成员分享的内容已经整理上传,没有参加讨论的人可以下载阅读。

（2）对本次组织的讨论进行总结　结束后要及时总结才能不断进步。总结完后，发到管理组和大家一起分享，一方面让大家提意见，另一方面通过这个总结的过程可以看到自己的优势或不足，为下一次的主持积累经验。

三、社群福利

社群本身的基金或者与赞助商合作争取到的福利也是帮助社群激发活跃度的一个利器。一般而言，社群的福利主要有以下 5 类。

1. 物质类

例如，"BetterMe 大本营"给社群的部长和副部长奖励管理书籍；给元老级的成员准备一些年货；给成员们赠送一些合作商赞助的小礼品。

2. 经济类

图 7-2-4 为爱跑团的超值装备团购福利。

3. 学习类

例如，"BetterMe 大本营"的设计组得到总部支持，购买精品课程，提高设计能力；微博微信组也会得到总部支持，学习优质的课程。

4. 荣誉类

"BetterMe 大本营"中有不同的分署机构，每个月，部长会针对部员进行评级，表现优异的成员可以晋升，还有每个月的考核与激励机制。

5. 虚拟类

有些福利不是实际的商品或钱财，而是在自己社群体系下的某一些规则，常见的有积分、优惠券等。

图 7-2-4　爱跑团的超值装备团购福利

四、社群打卡

在网络中，"打卡"一词用来提醒为戒除某些不良习惯所做的承诺，或者为了养成一个良好的习惯而付出的努力，而"社群打卡"就是社群成员为了养成某一习惯所采取的行为。

在社群中，"打卡"的作用有以下 3 个方面：

（1）在社群中打卡意味着打卡人的承诺，是对社群成员的一次公开宣誓，这比实际生活中宣称接受同事监督更起作用，更贴近心灵。

（2）在社群中打卡代表了一种态度，代表这件事的重要程度，代表执行的认真程度，也决定了这件事情的结果。

（3）在社群中打卡有利于养成良好的习惯，因为打卡就是在培养好习惯，克服坏习惯。习惯的培养和克服有它自身的规律，打卡是一种有效养成好习惯的方式。

对于社群来说，打卡不但能够通过成员高质量的输出来保持质量，还能提高社群的活跃度。

五、社群线下活动

人与人之间建立信任最有效的方式不是网上聊天，而是见面。在大部分人的观念里，线下的见面聊天要比线上来得实在,与其在线上聊10次,不如见面聊一次。

线下的聚会一般分为如下3种:

(1)核心群大型聚会 组织线下聚会,首先要确定人数,然后协调时间,最后策划如何让聚会更有趣、更有价值。因为这样的线下聚会比较麻烦,所以每年2次就可以了。

(2)核心团队小范围聚会 基于小区域的几个人小聚,能聊的事情比较多,也不会见外,一起吃吃饭,随便聊随便玩,很适合小分队。

(3)核心+外围社群成员聚会 这种聚会方式要依据社群的组织模式,如吴晓波各地的读书会可能每月或每周都有活动,规模越大越复杂。好的社群已经开始在线下组建俱乐部。有了线上到线下的连接,这背后的商业转换就更有可能了。

任务评价

根据所学知识,回答下列问题。
(1)社群的底层逻辑是什么?
(2)如何策划一场社群活动?

能力拓展

根据所学知识,完成以下任务。到这个阶段,大家已经学完了社群运营的全部课程,接下来就请大家提交自己的项目成果与总结,借此机会做一番项目复盘,届时可以直接放到简历中。当然,社群运营需要一定的时间,还没来得及沉淀出成果的小伙伴可以继续运营,不要心急,也不要灰心,有了结果之后再回来补上这次项目总结就可以了。实操要求如下。

(1)项目复盘需包含以下几点要素。

1. 情况概述	(1)社群规模怎样? (2)社群运营目的是什么,以及达成情况如何? (3)组织了多少次活动,参与度、活动评分如何?
2. 调研过程	在社群运营过程中,什么环节用到了用户调查,分别是怎么做的?
3. 精益执行	具体的准备工作和执行环节是如何做的? (以一次你认为效果好的活动为例)
4. 效果反馈	(1)在执行过程中,都重点追踪了哪些数据维度?数据反馈如何? (2)得到了什么结论(哪些做得好,哪些做得不好),据此做出了什么调整?
5. 优化调整	说明调整的过程以及最后的数据变化,社群运营效果在调整之下是否有所改善?

注:整个复盘内容会比较多,简历中建议缩减篇幅,重点描述1、4、5这3个环节即可,2和3也要做好充足的准备用于面试过程中的提问环节。

(2)在调研过程、精益执行、效果反馈、优化调整4个要素中,需提供必要的证据截图,使论述有理有据,项目复盘充实可信。

附 录 APPENDIX

课 程 标 准

一、课程名称

新媒体运营实战技能。

二、适用专业及面向岗位

适用于电商类、经贸类、营销类等相关专业，也适用于企业培训及晋升岗位培训。面向新媒体运营专员、新媒体运营主管、新媒体总监岗位。

三、课程性质

本课程为专业技术技能课程，是一门培养新媒体运营技术操作能力的实践课程。课程以新媒体运营为基础，与新媒体运营、新媒体文案、新媒体营销、社群运营、数据分析等技术岗位的典型工作任务对接，涵盖新媒体运营主要就业岗位典型工作任务的核心内容。本课程具有综合性、实践性强的特点，也是电子商务或者新媒体营销专业的核心课程及特色课程。重点培养学生运用内容规划、竞品分析、内容写作、图片处理、图文排版、数据分析、社群运营等知识进行项目操作的综合实践工作能力。

四、课程设计

（一）设计思路

校企共同开发，依据岗位真实工作任务的新媒体运营职业能力要求，确定课程目标，基于岗位工作过程典型工作任务的技术操作规范设计学习任务，突出学生新媒体运营能力培养。本课程基于新媒体写作、图片处理、图文排版、数据分析、社群运营等真实工作任务，提供优秀案例学习。课程内容及考核标准与国家互联网营销师职业资格标准要求衔接，教学过程与新媒体运营的工作过程对接，以工学交替、任务训练为主要学习形式，让学生在教师的指导及与同学的相互配合下，熟练操作新媒体平台。

（二）内容组织

将完成岗位典型工作任务所需知识及能力与互联网营销师职业资格标准要求相融合，结合岗位职业资格考核重点，组织教学内容。以项目化教学为主要教学形式，教学内容由内容规划、竞品分析、内容写作、图片处理、图文排版、数据分析、社群运营等7个主要学习任务及若干个典型工作任务组成。

五、课程教学目标

（一）认知目标

（1）了解新媒体内容规划的方法。

（2）了解新媒体竞品分析的意义。

(3) 了解常用的新媒体写作技巧。
(4) 了解常用的新媒体图片处理技巧。
(5) 了解常用的新媒体图文排版技巧。
(6) 了解常用的新媒体数据分析方法。
(7) 了解社群裂变工具、打卡工具、管理类平台等。

(二) 能力目标

(1) 掌握新媒体的内容定位方法。
(2) 掌握公众号文案选题与模块的构建方法。
(3) 掌握撰写爆款标题的方法。
(4) 掌握快速判断平台定位的方法。
(5) 掌握新媒体文案的写作技巧。
(6) 学习新媒体封面图及信息长图的设计技巧。
(7) 掌握图文排版的进阶操作方法。
(8) 掌握图文排版工具的使用方法。
(9) 掌握新媒体数据分析基本步骤。
(10) 掌握创建完整的社群的方法。
(11) 理解社群的底层逻辑。

六、参考学时与学分

32个学时,2学分。

七、课程结构

序号	学习任务（单元、模块）	对接典型工作任务	知识、技能、态度要求	教学活动设计	学时
1	内容规划	内容定位	1. 掌握新媒体的内容定位方法 2. 初步掌握数据收集和数据分析的能力	1. 课堂讲授：新媒体内容规划的方法、技巧 2. 任务考核：确定自己能输出领域的大致范围并写出定位的目标人群和用户痛点	4
		选题与模块的构建	1. 掌握公众号文案选题与模块的构建方法 2. 初步掌握案例分析的能力 3. 养成从用户角度考虑问题的职业品质		
		内容调性	1. 掌握构建新媒体内容调性的方法 2. 初步掌握数据收集和数据分析的能力		
		爆款标题	1. 掌握撰写爆款标题的方法 2. 能够建立属于自己的标题库 3. 能够建立标题反馈机制		
		内容输出方式	1. 掌握公众号内容输出方式 2. 根据内容发布技巧，能够提高文章的阅读量		

附 录

续 表

序号	学习任务 （单元、模块）	对接典型 工作任务	知识、技能、态度要求	教学活动设计	学时
2	竞品分析	平台定位判定与竞品分析	1. 掌握快速判断平台定位的方法 2. 通过明确问题标的、归类汇总关键事件、解析底层规律，能够独立完成对竞品的分析	1. 实操教学：通过案例实操过程，完成对平台定位的快速判断，学会竞品分析的方法，能够按照明确问题标的、归类汇总关键事件、解析底层规律的竞品分析要点，完成对竞品的分析 2. 任务考核：通过排行榜、行业数据报告和搜索引擎来进行渠道调研	4
		学会做渠道调研	掌握渠道调研的方法		
3	内容写作	提升阅读体验	1. 掌握提升用户阅读体验的技巧 2. 初步掌握新媒体文案编辑能力 3. 培养用户至上，精益求精的职业品质	1. 学会卖点型文案的基本写法，为写更复杂的长文案打下基础 2. 学会如何为一个公众号写引流短文案 3. 新媒体文章开头、正文、结尾的写作技巧 4. 新媒体文案的写作风格由哪些要素组成	6
		素材积累方法	1. 掌握新媒体文案素材积累的方法 2. 初步掌握文案素材收集能力 3. 培养用户至上，服务用户的职业品质		
		文案写作技巧	1. 掌握新媒体文案的写作技巧 2. 初步培养新媒体文案和标题的写作能力		
		写作风格的形成	1. 掌握新媒体文案的写作风格 2. 初步形成自己的文案写作风格 3. 培养从用户角度考虑问题的职业品质		
4	图片处理	设计新媒体封面图与信息长图	1. 学习新媒体封面图的设计要求 2. 初步掌握新媒体封面图的设计方法和技巧 3. 学习新媒体信息长图的设计方法 4. 初步掌握用创客贴设计新媒体信息长图的方法	1. 实操教学：为某招聘会发的公众号文章设计封面图 2. 实操教学：为某爱情为主线的文章添加表情包素材 3. 实操教学：制作图片叠加式的动图和录屏动图 4. 任务考核：通过以PPT作为设计工具、学习九宫格图海报的制作方法，并通过H5常用的免代码制作工具MAKA来制作H5动图	4
		制作 GIF动图	1. 学习新媒体 GIF 动图的制作方法 2. 初步掌握使用常见 GIF 制图工具制作 GIF 动图 3. 培养客户至上，服务用户的职业品质		
		制作九宫格图与 H5	1. 学习新媒体九宫格图的制作方法 2. 初步掌握使用PPT制作九宫格图的方法 3. 学习新媒体 H5 动图的制作方法 4. 初步掌握使用 MAKA 制作 H5 动图的技能		

续　表

序号	学习任务 （单元、模块）	对接典型 工作任务	知识、技能、态度要求	教学活动设计	学时
5	图文排版	初级排版 技巧	1. 掌握图文排版的基础操作方法 2. 初步掌握新媒体图文排版的能力 3. 培养客户至上，服务用户的职业品质	1. 基于传递品牌形象思考，图文排版的规范有哪些 2. 任务考核：通过进一步学习图文排版的技巧让同学们将知识内化于心外化于行，让操作真正变成技能 3. 实操教学：写一篇内容尚可的文章，并利用排版工具增加文章的美观度	4
		进阶排版 技巧	1. 掌握图文排版的进阶操作方法 2. 掌握新媒体图文排版的能力 3. 培养客户至上，服务用户的职业品质		
		图文排版 工具	1. 掌握图文排版工具的使用方法 2. 初步掌握图文排版工具的应用技巧 3. 培养从用户角度考虑问题的职业品质		
6	数据分析	数据分析 思维	1. 了解新媒体数据分析思维方式 2. 常见的数据分析误区	1. 任务考核：通过学习常用的数据分析工具，从四大维度全面把控自媒体数据分析，进行新媒体数据的深度挖掘 2. 任务考核：通过研究企业的内部数据，同行的运营数据以及行业的趋势数据，找到运营问题，发现内部规律，从而用数据驱动新媒体团队的整体提升	4
		新媒体数 据分析技 巧	1. 了解常用的数据分析工具 2. 掌握新媒体数据分析基本步骤 3. 了解新媒体数据挖掘方法		
7	社群运营	社群规则 设定	1. 了解社群和社群营销的概念 2. 掌握创建完整的社群的方法	1. 任务考核：通过学习对社群、社群经济、社群营销的认识，能够策划一个完整的社群营销 2. 任务考核：策划社群运营活动并进行复盘，从调研过程、精益执行、效果反馈、优化调整 4 个要素中需提供必要的证据截图，使得论述有理有据，项目复盘充实可信	4
		社群活动 策划	1. 理解社群的底层逻辑 2. 能够策划一场社群活动		
	机动				2
	合计				32

八、资源开发与利用

（一）教材编写与使用

（1）教材编写既要满足行业标准要求，又要兼顾国家互联网营销师职业资格考证要求，理论知识以职业资格标准及实际应用为重点，操作内容以符合行业新媒体运营项目标准化、规范化操作要求为原则。

（2）教材内容应体现先进性、通用性、实用性，将专业技术创新纳入教材，使教材更贴近专业的发展和实际的需要。

（3）教材体例突破传统教材的学科体系框架，以任务训练、案例导入、思维导图、视频等丰富的形式表现。理论知识以二维码形式呈现，方便学生课外学习。

（二）数字化资源开发与利用

校企共同开发和利用网络教学平台及网络课程资源。课堂教学课件、操作培训视频、考核标准、任务训练、微课等资源利用在线学习平台，由学校和企业发布可在线学习的课程资料，学生采取线上线下相结合的方式，更灵活地完成课程的学习任务。导师也可以发布非课程任务的辅导材料（形式包括但不限于视频、PDF、Word 文档等），用于学生碎片化学习阅读，拓展相关知识点。利用在线交流互动平台，学生和导师之间进行在线交流。

（三）企业岗位培养资源的开发与利用

根据新媒体行业发展要求，将新媒体运营技巧整理为课堂教学、案例教学的资源，作为岗位培养的教学资源和岗位培养的教学条件，利用移动互联、云计算、物联网等技术手段，建立信息化平台，实现线上线下教育相结合，改善教学条件，使教学内容与行业发展要求相适应。

九、教学建议

校企合作完成课程教学任务。教学形式采用集中授课、任务训练、岗位培养形式，学校导师集中讲授项目理论知识，让学生知道操作原理。企业导师以任务训练、在岗培养等形式进行项目操作技术技能训练及岗位实践，让学生学会操作并符合上岗要求。教学过程突出"做中学、学中做"，校内课堂教学与课外训练相结合，主要提高学生的实操能力。岗位实践以工学交替形式，进行专业技术综合能力培养。

十、课程实施条件

具备专业水平及职业培训能力的双导师、校企实训资源是本课程实施的基本条件。学校提供专业理论及基本技能教学的师资及实训条件，企业提供现场教学、岗位能力培养的师资及实训条件。承担课程教学任务的教师应熟悉岗位工作流程，了解新媒体行业商业活动，能独立完成所有项目流程及操作技能示范。校内专业实训室应建设有仿真教训、任务训练、职业技能证书考证的相关设备条件，实现教学与实训合一、教学与培训合一、教学与考证合一，满足学生综合职业能力培养的要求。企业有进行本课程全部项目训练的设施设备、场地及足够的岗位，能满足岗位培养条件。

十一、教学评价

采用过程性评价与结果考核评价相结合等多元评价的方式，将课堂提问、任务训练、课外实践、项目考核、任务考核的成绩计入过程考核评价成绩，其中项目操作考核有单项技能考核、综合技能考核。操作技能考核除了考核操作流程外,还考核与各部门的沟通协调能力、统筹运营能力。结果考核以店铺评分、订单量考核为重点。

教学评价应注意学生专业技术操作能力、技术培训指导能力、解决问题能力的考核,强调操作规范的同时应引导灵活运用运营技巧,对在技巧应用上有创新的学生应给予特别鼓励,全面、综合评价学生能力。

达到新媒体运营岗位的工作能力要求

新媒体运营实战技能（课程内容结构）

内容规划
- 3. 掌握构建内容调性的方法
- 2. 掌握公众号文案选题与模块构建方法
- 1. 掌握新媒体的内容定位方法

- 1. 具备数据收集和分析的能力
- 2. 能够进行案例分析能力
- 3. 能独立完成竞品分析

竞品分析
- 2. 掌握渠道调研的方法
- 1. 掌握快速定位平台的方法

- 1. 能够掌握写爆款标题
- 2. 具备新媒体文案编辑能力
- 3. 灵活运用公众号发布技巧提高文章阅读量

内容写作
- 3. 掌握新媒体文案的写作技巧和风格
- 2. 掌握提升用户阅读体验的技巧
- 1. 掌握新媒体文案素材积累的方法

- 1. 具备文案素材收集的能力
- 2. 具备新媒体文案和标题的写作能力
- 3. 初步形成自己的文案写作风格

图片处理
- 3. 掌握九宫格图和H5动图的制作方法
- 2. 掌握GIF动图的制作方法
- 1. 掌握新媒体封面和信息长图的设计方法

- 1. 会用创客贴设计新媒体信息长图
- 2. 会用GIF制图工具制作GIF动图
- 3. 会用PPT制作九宫格图
- 4. 会用MAKA制作H5动图

图文排版
- 3. 掌握图文排版工具的使用方法和技巧
- 2. 掌握图文排版的进阶操作方法
- 1. 掌握图文排版的基础操作方法

- 1. 具备图文排版的能力

数据分析和社群运营
- 3. 了解社群和社群营销的概念
- 2. 掌握常用的数据分析工具和挖掘方法
- 1. 了解新媒体数据分析思维和常见误区

- 1. 会用数据分析工具进行新媒体数据分析
- 2. 能够创建一个完整的社群
- 3. 能够策划一场社群活动

"新媒体运营实战技能"课程内容结构

图书在版编目(CIP)数据

新媒体运营实战技能/宗良,叶小濛,郭曼主编. —上海:复旦大学出版社, 2020.8(2022.8重印)
电子商务专业校企双元育人教材系列
ISBN 978-7-309-15200-5

Ⅰ.①新… Ⅱ.①宗… ②叶… ③郭… Ⅲ.①传播媒介-运营管理-教材 Ⅳ.①G206.2

中国版本图书馆 CIP 数据核字(2020)第 142568 号

新媒体运营实战技能
宗 良 叶小濛 郭 曼 主编
责任编辑/王 珍

复旦大学出版社有限公司出版发行
上海市国权路 579 号 邮编:200433
网址:fupnet@ fudanpress.com http://www.fudanpress.com
门市零售:86-21-65102580 团体订购:86-21-65104505
出版部电话:86-21-65642845
上海四维数字图文有限公司

开本 787×1092 1/16 印张 11.25 字数 260 千
2020 年 8 月第 1 版
2022 年 8 月第 1 版第 2 次印刷

ISBN 978-7-309-15200-5/G·2138
定价:45.00 元

如有印装质量问题,请向复旦大学出版社有限公司出版部调换。
版权所有 侵权必究